细节

如何在细微处影响他人

许昭华◎著

台海出版社

图书在版编目(CIP)数据

细节：如何在细微处影响他人 / 许昭华著. — 北京：台海出版社，2018.8

ISBN 978-7-5168-1988-3

Ⅰ.①细… Ⅱ.①许… Ⅲ.①成功心理–通俗读物 Ⅳ.①B848.4-49

中国版本图书馆 CIP 数据核字(2018)第 154576 号

细节：如何在细微处影响他人

著　　　者:许昭华	
责任编辑:王　萍	
装帧设计:芒　果	版式设计:通联图文
责任校对:王　杰	责任印制:蔡　旭

出版发行:台海出版社

地　　址:北京市东城区景山东街 20 号　　邮政编码:100009

电　　话:010-64041652(发行,邮购)

传　　真:010-84045799(总编室)

网　　址:www.taimeng.org.cn/thcbs/default.htm

E－mail:thcbs@126.com

经　　销:全国各地新华书店

印　　刷:北京鑫瑞兴印刷有限公司

本书如有破损、缺页、装订错误,请与本社联系调换

开　　本:710mm×1000 mm		1/16	
字　　数:170 千字		印　　张:14.75	
版　　次:2018 年 8 月第 1 版		印　　次:2018 年 8 月第 1 次印刷	
书　　号:ISBN 978-7-5168-1988-3			
定　　价:39.80 元			

前　言 PREFACE

细节是什么呢？

所谓细节，就是指"细小的环节或情节"，而不是指琐碎的事情，无关紧要的行为。

查尔斯·狄更斯曾在他主编的周刊《一年到头》中写道："天才就是注意细节的人。"

1

我们应该都遇到过这样的人：话说得格外悦耳，有些事做得也不错，但我们总能在某一个时刻，发现他的自私和冷酷，忍不住心生怨怼。而他或许并不自知——他不知道，人是会被细节出卖的。

正如两千多年前的老子曾说过的一样："天下大事，必作于细。"细节的魅力就在于此。

人品为首要。这谁都知道。

但是在日常的生活里，大多数人也没有机会，去做救苦救难、博施济众的大英豪，更不会做烧杀抢掠、坑蒙拐骗的伪君子。你的人品，八成要经过细节展示出来。

说得具体点，无非是聚会愿不愿买单，打车会不会自动坐前面，在外面能不能善待服务员，开车时是不是乱变道开远光灯，捡到手机钱包会不会原封不动返还……

恰是这一件件小事，让他人对你的人品有了判别——是依靠还是防范，是赏识还是厌恶,是信赖还是质疑,是有求必应还是避之不及,是想在微信里置顶你还是想拉黑你……

古人说:泰山不拒细壤,故能成其高;江海不择细流,故能就其深。一个人的人品,教养与尊贵,全在细节处。

2

大到一个国家甚至整个世界,小到一个人的健康、情感、为人、职场等方面,细节以"润物细无声"的姿态改变着局面。

讲究健康细节,你的"生命银行"将永远富足——也许只是一种不间断的小习惯,就能让健康成为你最大的财富;讲究爱情细节,你的幸福生活会更绵远久长——也许只是一声风雨中的问候,就能让他的怒气烟消云散;讲究做人细节,你的人际关系会固若金汤——也许只是别人危难之时的一个微笑或拥抱,就能为你带来永久的合作关系,成就你的财富人生;注意职场中的细节,你的处事原则、礼仪修养,都能让你成为最卓越的职场人……

3

细节,就像是汇成浩瀚大海中的无数小水滴,它们以不起眼的存在成就了整体的耀眼。在某种意义上,细节可以关系到全局的成败。

关注本书这些看似微不足道的细节,你会发现,它是上天馈赠给你的巨额财富,助你在人生的旅途中更完美、更成功!

目 录 CONTENTS

第一章 天下大事必作于细，而不是追求浮华的幻影

生活中充满了细节，绝大多数细节会像我们每天褪下的皮屑一样，看不到扬起或落下便无影无踪了；总是些看起来非常偶然的细节会帮助或伤害我们，所以认清生活中各种细节如何影响我们的成败十分重要。

将细节做到极致,想不成功都很难

一心渴望伟大,追求伟大,而伟大却了无踪影;甘于平凡,认真做好每个细节,伟大就会不期而至,这就是细节的魅力所在。

1

20世纪最伟大的建筑师之一密斯·凡·德罗,在被要求用一句话来描述他成功的原因时,他只说了五个字:"魔鬼在细节。"德罗反复强调,如果对细节把握不到位,无论建筑设计方案如何恢弘大气,都不能称之为成功的作品。

老子曾说:"天下难事,必作于易;天下大事,必作于细。"这句话精辟地指出了要想成就一番事业,必须从简单的事情做起,从细微之处入手。生活原本就是由细节构成的,如果一切归于有序,决定成败的必将是微若沙砾的细节。在今天,随着现代社会分工越来越细和专业化程度越来越高,一个要求精细化管理工作和生活的时代已经到来,在所有竞争中,细节的竞争才是最高和最终的竞争层面。

托尔斯泰曾经说过:"一个人的价值不是以数量而是以他的深度来衡量的,成功者的共同特点就是能做小事情,能够抓住生活中的一些细节。"

2

泰国的文华东方酒店堪称亚洲酒店之最,几乎天天客满,不提前一个月预订是很难有入住机会的,而且客人大都来自西方发达国家。泰国在亚洲算不上特别发达,但为什么会有如此受欢迎的酒店呢?大家往往会以为泰国是一个旅游国家,是往来的游客给酒店带来了好业绩。其实不全对,他们靠的是非同寻常的客户服务,也就是现在经常提到的客户关系管理。他们的客户服务到底好到什么程度呢?我们通过一个实例来看一下他们是如何把服务做到位的。

一位于先生因公务经常出差泰国,并下榻在文华东方酒店,第一次入住时良好的酒店环境和服务就给他留下了深刻的印象,当他第二次入住时几个细节更使他对酒店的好感迅速升级。那天早上,在他走出房门准备去餐厅的时候,楼层服务生恭敬地问道:"于先生是要用早餐吗?"于先生很奇怪,反问:"你怎么知道我姓于?"服务生说:"我们酒店规定,晚上要背熟所有客人的姓名。"这令于先生大吃一惊,因为他频繁往返于世界各地,入住过无数高级酒店,这种情况还是第一次碰到。

于先生高兴地乘电梯下到餐厅所在的楼层,刚刚走出电梯门,餐厅的服务生就说:"于先生,里面请。"于先生更加疑惑,因为服务生并没有看到他的房卡,就问:"你知道我姓于?"服务生答:"上面的同事传信给我,说您已经下楼了。"如此高的效率让先生再次大吃一惊。

于先生刚走进餐厅,服务小姐微笑着问:"于先生还要老位子吗?"于先生的惊讶再次升级,心想:"尽管我不是第一次在这里吃饭,但最近的一次也有一年多了,难道这里的服务小姐记忆力那么好?"看到于先生惊讶的目光,服务小姐主动解释说:"我刚刚查过电脑记录,您在去年的6月8日在靠近第二个窗口的位子上用过早餐。"于先生听后兴奋地说:"老位子!老位子!"小姐接着问:"老菜单? 一个三明治,一杯咖啡,一个鸡蛋?"现在于先生已经不再惊讶了。"老菜单,就要老菜单!"于先生已经兴奋到了极点。上餐时餐厅赠送了于先生一碟小菜,由于这种小菜于先生是第一次看到,就问:"这是什么?"服务生后退两步说:"这是我们特有的青木瓜沙拉。"服务生为什么要先后退两步呢,他是怕自己说话时口水溅出落在客人的食品上,这种细致的服务不要说在一般的酒店,就是美国最好的酒店里于先生都没有见过。这一顿早餐给于先生留下了终生难忘的印象。

后来,由于业务调整的原因,于先生有三年的时间没有再到泰国去。于先生在生日那天却突然收到了一封文华东方酒店发来的生日贺卡,里面还附了一封短信,内容是:"亲爱的于先生,您已经有三年没有来过我们这里了,我们全体人员都非常想念您,希望能再次见到您。今天是您的生日,祝您生日愉快。"于先生当时非常激动,发誓如果再去泰国,绝对不会到任何其他的酒店,一定还去住文华东方酒店,而且要说服所有的朋友也像他一样选择文华东方酒店。于先生看了一下信封,上面贴着一枚15泰铢的邮票。

文华东方酒店用15泰铢赢得了一颗心。"创造辉煌和卓越的并不是天才,而是那些微小的细节;挽救伟大事业的并不是英雄,而是高度的责任心。"文华东方酒店之所以能够成为一流酒店,那是因为他们不仅提供了良好服务,还注意到了每个细节,更是在用心做事。

3

细节决定成败,成功的人总是不放过每一个细微之处,越是细节处他们越是做得完美,因为他们懂得,越是不为大多数人重视的细节,越是超越别人的关键所在。

第一章
天下大事必作于细,而不是追求浮华的幻影

莱斯是一位著名的物理学家和发明家,曾研制和发明过不少的东西。在电话机还没有诞生之前,莱斯就设想发明一项传声装置,这种装置可以使身处异地的两人自由地交谈,可以更方便人们进行信息传递。

根据自己的设想和传声学原理,莱斯经过孜孜不倦的研究,用了两年多的时间,终于研制出一种传声装置,但令莱斯沮丧的是他研制的这项传声装置,只能用电流传送音乐,但却不能用来传递话音,不能使身处两地的人们自由地交谈。在经过无数次的改进和试验后,莱斯的这项研制毫无进展,依旧无法传递话音,莱斯于是心灰意冷地宣告自己的研究失败了,并得出试验结论说:"传声学根本无法解决两地之间话语传递的问题。"

跟莱斯有同样梦想的还有另外一位发明家,他是美国人,叫贝尔。听到莱斯失败的消息后,贝尔并没有灰心和绝望,他详细推敲了莱斯的传声装置,在莱斯研究的基础上不断开始新的大胆尝试,他把莱斯用的间断直流电,改为使用连续直流电,解决了传声装置传送时间短促、讲话声音多变等难题。但这些都是些微不足道的小问题,莱斯也曾这样设想和试验过,都没有取得过成功,贝尔和莱斯一样,试验了很多次,面对他的同样是令人沮丧的两个字:失败!

是不是真的如莱斯所说的那样,传声学根本无法解决两地之间的语音传递呢? 贝尔也陷入了困境。一天下午,当绞尽脑汁的贝尔束手无策地坐在试验桌旁,面对着他已改进多次的传声装置发呆时,他的手无意间碰到了传声装置上的一颗螺丝钉,这是一枚毫不起眼的螺丝钉,已经有些微微生锈的钉帽,钉子也早已没有了多少金属的钢蓝色光泽,如果不是自己发呆和无聊,贝尔是无论如何也注意不到这颗螺丝钉的。在沉闷和发呆时,贝尔的手指碰到了这颗螺丝钉,并且发现它有些松动,贝尔轻轻地用手将这颗螺丝钉往里拧了半圈,但恰恰因为这半圈,奇迹就出现了:人类的语音可以传递了!

得知贝尔发明了电话机,莱斯马上赶到贝尔的试验室向贝尔表示祝贺并向贝尔请教。贝尔向莱斯一一介绍了自己对莱斯那部传声装置的改进,莱

斯说:"这些我都试验过。"贝尔摸着那颗螺丝说:"我将它往里拧了二分之一圈,竟发生了奇迹。"莱斯怎么也不肯相信,一颗螺丝钉多拧或少拧二分之一圈,不过只是0.5毫米左右微不足道的差距,它能决定什么呢?莱斯半信半疑地将那颗螺丝钉拧松了二分之一圈,传声机果然没有了声音,他又将那颗螺丝钉向里拧了二分之一圈,那部传声装置立刻就可以传递话语了。

莱斯惊呆了,然后泪流满面地说:"我距成功只有0.5毫米啊!"

0.5毫米,一颗普通螺丝钉的二分之一圈,却让莱斯失败了。而恰恰只因为多拧了0.5毫米,贝尔成了家喻户晓的电话发明家。

失之毫厘,谬之千里。成功和失败并非是南极和北极之间的迢迢距离,很多时候,它们就并肩站在一起,决定成败的,往往只是你心灵的一点点倾斜。

大事留给上天,我们用心做好眼前的事

那些真正伟大的人物从来都不蔑视日常生活中的各种小事情。即使是常人认为很卑贱的事情,他们也都满腔热情地去干。

1

有一部名为《细节》的小说,其题记为:"大事留给上天去抓吧,我们只能注意细节。"作者还借小说主人公的话做了脚注:"这世界上所有伟大的壮举都不如生活在一个真实的细节里来得有意义。"

认真观察你就会发现,那些成功者及伟人都是注意细节的人,注意细节,方可成为天才,任何人都不可否认的一个事实就是:最伟大的生命往往是由最细小的事物点点滴滴汇集而成的。绝大多数人很少能有机会遇到那种重大的转折,很少有机会能够开创宏伟的事业。而生活的溪流往往是由这些琐屑的事情、无足轻重的事件以及那些过后不留一丝痕迹的细微经验渐渐汇集成的,也正是它们才构成了生命的全部内涵。

那些看来微不足道的事情,其中都蕴藏着巨大的发现。而天才与凡人的最大区别往往体现在这些微不足道的小事上。

2

2001年5月20日,美国一位名叫乔治·赫伯特的推销员,成功地把一把斧子推销给了小布什总统。布鲁金斯学会得知这一消息后,把刻有"最伟大的推销员"的一只金靴授予了他。在此之前,1975年该学会的一名学员曾成功地把一台微型录音机卖给尼克松,此次是时隔26年又一学员获得如此高的荣誉。

布鲁金斯学会创建于1927年,因为培养了众多优秀的推销员而著称于世。它有一个传统,在每期学员毕业时,都会设计一道最能考验推销员能力的实习题让学员去完成。在克林顿当政期间,他们出了这么一道题:请把一条三角裤推销给现任总统。8年间,有无数学员为此绞尽脑汁,可是,最后都无功而返。克林顿卸任后,布鲁金斯学会把题目换成了"请把一把斧子推销给小布什总统"。

鉴于前8年的失败和教训,以及向总统推销商品的难度,使得许多学员知难而退。个别学员甚至认为,这道毕业实习题会和克林顿当政期间的那道题一样毫无结果,因为现任总统什么都不缺少,再说即使总统需要临时使用斧头,也不一定需要他亲自购买,再退一步说,即使他亲自购买,也不一定正是你推销的那一把。总而言之,一切看上去都有那么多的不确定性。

然而乔治·赫伯特做到了,并且没有花多少工夫。一位记者在采访他是如何成功的时候,他是这样说的:"我认为,把一把斧子推销给布什总统是完全可能的。因为,布什总统在得克萨斯州有一个农场,我发现那里长着许多树。正是留心到这一细节,我才给他写了一封信,说:'有一次,我有幸参观了您的农场,发现那里长着许多圆柏树,有些已经死掉,木质也已经变得松软。我想,您一定需要一把小斧头,但是从您现在的体质来看,这种小斧头显然太轻,因此您仍然需要一把不甚锋利的大斧头。现在我这儿正好有一把这样的斧头,它是我祖父留给我的,很适合砍伐枯树。假若您有兴趣,请按这封信所留的信箱,给予回复……'果不其然,总统接受了我的推销,并在最后给我汇来了15美元。"

乔治·赫伯特成功后,布鲁金斯学会在对他进行表彰的时候不乏赞美之词:"金靴奖已空置了26年。26年来,布鲁金斯学会培养了无数优秀的推销员,造就了上百位的百万富翁,但这只金靴却并没有颁给他们这些成功人士,因为我们一直想寻找这么一个人:他从不因有人说某一目标无法实现而有一丝放弃的念头,也从不因某件事情难以办到而放弃寻找方法的努力。"

的确,把这样一把斧子推销给总统是有很大的难度的,否则就不会难倒布鲁金斯学会培养出来的这么多大牌推销员,但是如果我们能够像乔治那样细心、用心的话,有很多的机遇都是可以发现、可以把握的。在"世界上最伟大的推销员"乔·吉拉德看来:"客户就在你的身边,对任何一位推销员来说,只要你能够真诚地为顾客服务,留心每一个细节和问题,相信你就一定能把冰块卖给那些爱斯基摩人。"

的确,处处留心细节,关注细节,就会使我们在工作中事半功倍,尽快脱颖而出,成为一个真正卓越的人,成为一个真正能掌握自己、把握命运的人,从而成就自己的人生,开创自己成功的事业。

3

不论是生活中还是工作中,要想做得更好,就必须要有一双细心观察的眼睛,要学会把握细节。一个人要想创造更大的价值,取得更大的成就,心思一定要缜密,从细节做起,从点滴做起。以认真负责的态度,细心地做好每一件小事,以认真负责的态度把握住每一个细节。

琴纳原来是英国的一位乡村医生。他长期生活在乡村,对民间疾苦有深切的了解。当时,英国的一些地方爆发了天花病,夺走了成千上万儿童的生命。当时还没有治天花的特效药。琴纳亲眼看到许多活泼可爱的儿童染上天花,不治而亡,他心里十分痛苦。作为一名救死扶伤的医生,眼睁睁看着这些染病的儿童死去,他也因而深感内疚,心里萌生了要制服天花的强烈愿望,时刻留心寻找对付天花的办法。

有一次,琴纳到了一个奶牛场,发现有一位挤奶女工因为从牛那儿传染过牛痘以后就从来没有得过天花,她护理天花病人,也没有被传染。琴纳像发现了新大陆一样,兴奋不已,他联想到这样一个问题:感染过牛痘的人,会对天花具有免疫力?琴纳的思想并没有停留于此,他不禁连声问自己:"为什么感染过牛痘的人就不会得天花?牛痘和天花之间究竟有什么关系?"他进一步大胆设想:"我用人工种牛痘的方法,能不能预防天花?"他隐约感觉到自己已经找到了解决问题的突破口。

沿着这条思路,琴纳开始了大胆的试验。他先在一些动物身上进行种牛痘的试验,效果十分理想。在人身上接种牛痘,这是前人没有做过的事,谁也不敢保证不出问题,这要冒很大的风险。那么,到底选谁来做第一个实验呢?

琴纳在这关键时刻表现出可贵的牺牲精神。做试验的人必须是儿童,琴纳自己不合要求了,便要自己的亲生儿子来充当第一个试验者。他为了让那成千上万的儿童不再受天花之灾,顶住一切压力,在当时还只有一岁半的儿子身上接种了牛痘。接种过后,儿子反应正常。但是,为了要证明小孩是否已经产生了免疫力,还要再给孩子接种天花病毒。如果孩子身上还没有产生免疫力,那么琴纳的小儿子就会被天花夺去生命!但是,为了世上千千万万儿童的健康成长,琴纳把一切都豁出去了。

两个月后,他又把天花病人的脓浆接种到儿子身上。所幸孩子安然无恙,没有感染上天花。这一结果让他兴奋,因为这表明:孩子接种牛痘后,对天花具有了免疫力,试验成功了!从此以后,接种牛痘防治天花之风从英国迅速传播到世界各地,肆虐的天花遇到了克星。从1966年起,天花病就没有再在地球大规模流行了。

琴纳——这位普通平凡的乡村医生的发明拯救了千千万万人的生命。18世纪末,在法国巴黎,无限感激他的人们为他立了塑像,上面雕刻着人们发自内心的颂词:"向母亲、孩子、人民的恩人致敬!"

种牛痘的方法发源于一些毫不起眼的细节,但最终却带来了巨大的改变和成功。因此,我们要说:"处处留心,皆可成功。"

事情有大有小,能力有强有弱,做事的结果也会有好有差,但只要用心,一心一意、踏踏实实做事,就一定能把正在做的事情做好,做出成效。成功与不成功,关键在于怎样做事,认真做好每一件小事情,才能认真做好每一件大事,事业才能真正成功。

理想很酷，但要从最近的目标开始

世界上大多数人都是平凡人，但大多数平凡人都希望自己这辈子能成为不平凡的人。梦想成功，梦想才华获得赏识、能力获得肯定，拥有名誉、地位、财富。不过，遗憾的是，真正能做到的人，似乎总是少数。因为，他们都经意或不经意地陷进了好高骛远的陷阱里。

1

成功离不开目标，但不是不切实际的目标。很多时候我们无法实现远大的目标，这是因为有些条件还没有完全具备，但是只要踏踏实实地从最小的目标开始做起，就能最终到达成功的彼岸。

成功离不开的是目标，但成功的最佳目标往往不是最有价值的那个，而是最有可能实现的那个。在制定目标时，我们不能贪大求多，而要根据自身的条件，尽量合理地制定最符合实际的目标，也就是说目标要和自身情况相匹配，否则不但不会成功，还会让过高的目标压得自己喘不过气。

一位青年懊恼地去找一位智者。

他大学毕业后，曾豪情万丈地为自己树立了许多目标，可是几年下来，依然一事无成。他找到智者时，智者正在河边的小屋里读书。

智者微笑着听完青年的倾诉，对他说："来，你先帮我烧壶开水。"青年看见墙角放着一把极大的水壶，旁边是一个小火灶，可是没发现柴火，于是便出去找。他在外面拾了一些枯枝回来，然后将满满一壶水放在灶台上，在灶内放了一些柴火便烧了起来，可是由于壶太大，那捆柴火烧尽了，水也没烧开。

于是他跑出去继续找柴火，回来时那壶水已经凉得差不多了。

这回他学聪明了，没有急于点火，而是再次出去找了些柴火。由于柴火准备得足，水不一会儿就烧开了。

这时，智者问他："如果没有足够的柴火，你该怎样把水烧开呢？"青年想了一会儿，摇摇头。

智者说："如果那样，就把水壶里的水倒掉一些。"青年若有所思地点了点头。

智者接着说："你一开始踌躇满志，树立了太多的目标，就像这个大水壶装的水太多一样，而你又没有足够的柴火，所以不能把水烧开。要想把水烧开，你或者倒出一些水，或者先去准备柴火。"

青年顿时大悟。

回去后，他把计划中所列的目标划掉了许多，只留下最近的几个，同时利用业余时间学习各种专业知识。

几年后，他的目标基本上都实现了。

因此说，目标不在高远，而在切合实际，只有删繁就简，从最近的目标开始，才会一步步走向成功。

2

有两个人一同到湖泊中钓鱼，他们都自称是钓鱼高手。

在钓鱼前，他们都表现得非常自信：

第一个人说："我一定要钓上一条大鱼来。"

第二个人说:"相信,我也一定能够做到。"

是的,他们都想钓到大鱼。但事与愿违,一天过去了,看看他们的鱼篓,钓上来的尽是小鱼。

第一个人长叹一声,将鱼全部倒入池塘,空手而归。

第二个人则将鱼带回了家,放到自家的池塘中,养了起来。

三年后,小鱼长成了大鱼。

第一个人大为不解,问道:"你是怎么做到的?"

第二个人意味深长地说:"是的,我们每个人都想钓大鱼,但别忘了,大鱼是由小鱼长成的。做事也是一样,不能想着一步登天,立刻做成什么大事,而是要想着如何通过细节、通过小事来一步步地实现大事。"

后来,他们都得知了这样一个实情:三年前,他们钓鱼的地方,仅是一个新建的人工湖,那里面根本没有大鱼,有的尽是刚撒进去的鱼苗。

"难怪当年我钓不到大鱼。"第一个人自我安慰道。

"然而,我已经钓到了大鱼。"第二个人心满意足地说。

此刻,再看看他们两个人的人生现状:

第一个人小事不去做,大事做不了,生活落魄。

第二个人善于积累小事,敢于成就大事,最终成为社会上的精英人士。

面对大目标很多人认为遥不可及,其实,大目标的实现是由一个个有方向性的小目标的实现来完成的。把一件件小事做好,就是在一步步地把大事做好。

3

宏伟蓝图自然是具有无穷魅力的,但它往往不是唾手可得的。若试图一下抓住要点达成结果,无异于想在一天之内建造出一座罗马城,给自己徒增繁重压力的同时,也让简单的问题复杂化了。

所以说,人生无论是长久的计划,还是宏伟的目标,都绝非是一蹴而就的,它是一个不断积累的过程。而一个个量化的具体计划,就是人生成功旅途上的里程碑、停靠站,每一个"站点"都是一次评估、一次安慰和一次鼓励。是否能量化,是计划与空想的分水岭;只有把每一小段的目标都可视化,才不至于让自己的理想成为海市蜃楼。

1984年,在东京国际马拉松邀请赛中,名不见经传的日本选手山田本一出人意料地夺得了世界冠军。当有人问他凭什么取得如此惊人的成绩时,他说了这么一句话:凭智慧战胜对手。

当时许多人都认为这个偶然跑到前面的矮个子选手是在故弄玄虚。许多人都认为马拉松赛是考验体力和耐力的运动,只要身体素质好又有耐性就有望夺冠,爆发力和速度都还在其次,说用智慧取胜确实有点让人产生怀疑的心理。

两年后,意大利国际马拉松邀请赛在意大利北部城市米兰举行,山田本一代表日本参加比赛。这一次,他又获得了世界冠军。又有人问他有什么秘诀。

山田本一性情木讷,不善言谈,回答的仍是上次那句话:用智慧战胜对手。然而在10年后,这个谜底才被解开,在他的自传中他是这样写的:"每次比赛之前,我都要乘车把比赛的线路仔细地看一遍,并把沿途比较醒目的标志画下来:比如第一个标志是银行,第二个标志是一棵大树,第三个标志是一座红房子……这样一直画到赛程的终点。比赛开始后,我就以百米的速度奋力地向第一个目标冲去,等到达第一个目标后,我又以同样的速度向第二个目标冲去。40多公里的赛程,就被我分解成这么几个小目标轻松地跑完了。起初,我并不懂这样的道理,我把我的目标定在40多公里外终点线上的那面旗帜上,结果我跑到十几公里时就疲惫不堪了——我被前面那段遥远的路程给吓倒了。"

我们的胃很小,只能容得下一条鱼,同样地,我们的能力都是有限的,就像山田本一说的那样,若是将所有的目标都摆在心里,那么你就会被压得无法喘气,更不要说轻装上阵了。

4

一个学企业管理的大学生,在校期间就一直有个梦想:希望将来能拥有自己的公司,自己当老板,成就一番事业。

毕业后,由于资金紧张,他只好和千万名毕业生一样,挤入了求职大军中。他想,凭着自己的能力,即使是打工,也必须找一个高级管理者的职位,从事类似副经理、经理助理的工作。

可是,匮乏的工作经验让这位大学生应聘了很多家招聘副经理职位的公司,却无一例外地被拒之门外。于是,他降低了标准,想找个中层管理干部的职位,如科长、处长之类。只是,因为同样的原因,仍然没有一家成功的。

一晃几个月过去了,看着同学们都已经拿到了第一个月工资的他,为了生存,不得不先找个能吃饭的地方。最后,费了九牛二虎之力才找到一份工作:办公室内勤,做一些分发报纸、端茶倒水、接电话的日常性杂活。

他感到异常失落,当天晚上去了班主任老师家,把这段时间找工作的经历及自己目前的苦恼一股脑儿地全都倾诉了出来。老师听完以后,对他说:"你有远大的梦想,这很好。但有些梦想太遥远,是你现在抓不住的。最明智的做法就是,抓住离你最近的梦想,然后一步步向最遥远的梦想走近!"

老师的话给了他很大启发。第二天,他就去那家企业做起了内勤工作。半年以后,因为工作认真,他被调到业务部当了一名业务员。而后又由于业绩突出,一步步成为业务部经理、主管业务的副经理。就这样,在短短的五年内,这位大学生积累了自主创业的经验和资金,终于开办起了一家自己的公司。

经过艰苦打拼，他的公司终于在市场上站稳了脚跟，成了业内知名企业，而他本人也成为一个资产过千万的成功人士。

生命是一条单行道，人的时间和精力也是有限的，在这条单行道上徘徊、迷茫、迂回的时间越长，生命消耗得就越快，为自己最想要的而奋斗的时间、精力就越少，因此一开始就要明确地了解自己想要什么，如果连自己一生想要的是什么都不知道，那还奢望能够得到什么呢？

当我们拥有一个伟大的梦想时，我们必须将这个梦想具体量化成为一个远期目标，然后将远期目标分解成长期目标，再将长期目标分解为中期目标，之后将中期目标分解为短期目标，从年、月、周，最后分解到具体每天要做些什么事情上。然后，我们用每天持之以恒的行动去实现一个个小目标，我们的短期目标实现了，接下来就是中期目标、长期目标、远期目标。而最终的远期目标就是具体化的梦想，那时我们也就实现了自己的梦想。

没有任何的一夜成名是个奇迹

也许生命真的是一个奇迹，从来没有不劳而获的事情，也没有一步登天的神话。任何让人羡慕的成就，都需要经历漫长的等待和付出，如同蝴蝶破茧一样。

第一章
天下大事必作于细,而不是追求浮华的幻影

1

急于求成只会导致最终的失败,因此我们不妨将目光放得长远一些,平日里注重自身的积累,厚积而薄发,自然会水到渠成,实现自己的目标。急于求成,恨不能一日千里,往往事与愿违,大部分的人都明白这个道理,却总是背道而驰。

在哲学的范畴里,我们知道只有量变才能引起质变。而对于成功的人生来说,只有夯实自己的每一步,才能不断地接近自己的梦想。厚积而薄发,不是消极的等待,而是水到渠成的一种从容,更是大智若愚般的智慧。

心浮气躁的心态是一个人成功路上的毒瘤,一定要剔除。在追求成功的过程中,容不得有半点浮躁的心态。因为成功不是一蹴而就,而是饱含着进取者的汗水和心血,只有苦尽方能甘来。所以当我们心浮气躁和心烦意乱的时候,更是要坚持一步一个脚印。

不管你是个什么角色,生活中总是充斥着各种各样的大事小事,那些能够从容处理的人,一定是从细节入手的。许多复杂的事都是由一个个小细节组成的,没有任何一件事情,小到可以被抛弃。若是小事被忽略,那再大的事也不过是空中楼阁,没有了细节,再复杂的工作也只能是纸上谈兵。若想成就一番事业,获得成功,那就要把每一件小事做到位,由量的积累到质的飞跃,这样一来成功也就成了水到渠成的事。

2

汤姆·布兰德是美国福特汽车公司的总领班。总领班要负责各个车间的生产管理,并且要直接向公司领导反映生产过程中出现的各种情况。这个岗位可以说非常重要。但是很多人并不知道,汤姆·布兰德在进入公司的初期只是美国福特汽车公司一个制造厂的杂工,在他职业生涯的开始阶段,就是在做好每一件小事中获得了成长,并最终成为福特公司的总领班。那一年他才32岁,是在这个有着"汽车王国"之称的福特公司里最年轻的总领班,这确实是一件很不容易的事。

汤姆在20岁的时候进入工厂,一开始,他并没有一味地蛮干、傻干,而是通过自己的观察,对汽车制造有了一个整体的认识。他了解到一辆汽车由制作零件到装配出厂,大概要经过多少道工序,要经过哪几个部门,这些部门各自的工作是什么,它们之间是如何协调工作的。最后他得出一个结论:如果自己要在汽车制造业做出一番事业,就必须对汽车的全部制造过程都能有深刻的了解。因此,他主动要求从最基层的杂工做起。

当时的杂工不是正式工人,没有固定的工作场所,经常是哪里有零活就要到哪里去。正是因为有了这份工作,汤姆才有机会和工厂的各部门接触。汤姆做杂工做了一年半之后,他申请调到汽车椅垫部工作。当他学会了制作椅垫的手艺,又申请调到点焊部、车身部、喷漆部、底盘部等部门去工作。就这样,在不到五年的时间里,他几乎在工厂的各个部门都工作过了。

汤姆的父亲看到儿子不断地调换工作部门,十分不解,他问汤姆:"你工作已经好几年了,可这几年你总是做些焊接零件、给零件刷漆的小事,你就不怕耽误前途?"

汤姆很理解父亲的心情,他笑着说:"爸爸,你不明白,我要做的不是一个部门的工头,我希望成为整个工厂的领导者,要做到这一点,必须花点时间了解整个工作流程,这样才能从整体和局部两个方面做好管理工作。我现在做的正是最有价值的事情,我要学的不仅仅是一个汽车椅垫是如何生产加工的,或者是油漆是怎么刷上去的,我要学的是整辆汽车是如何制造的。"

汤姆经过坚持不懈的学习、工作,通过到一个又一个的部门实践,学会了一门又一门的手艺,当他确信自己已经具备管理能力时,他决定在装配线上施展拳脚,他申请到装配线上去工作。由于汤姆在其他部门干过,懂得零件的加工工艺和质量检验方法,这为他的装配工作提供了不少便利,使他学习得更快,进步得更快。没过多久,他就成了装配线上最出色的员工并因此晋升为领班。

汤姆·布兰德的成功实际上就是将每一件小事做好,然后积少成多,由量而质地发生飞跃,在岗位上做出了自己的成绩。汤姆做杂工干的是小事,而汤姆却从中获得了对各部门的工作性质和工作环境的认识,为实现最终的职业目标打下了坚实的基础。所以,有这样一句话:与其浑浑噩噩浪费时间,不如从我们经手的每一件琐事、每一件小事中得到成长,由简入繁,积少成多,最终迎来人生的春天。

3

卡耐基曾经说过:对于年轻人来说,想得远不是错误,但前提必须是在踏实做事的基础上。对于现在的年轻人来说,浮躁的现象普遍存在,在事情没有大功告成之前,就开始飘飘然起来。现实和理想在脑海中不断交织在一起,不善于处理他们之间的关系。其实解决的办法很简单,年轻人不仅要志存高远,更要踏实奋进。

人们常说,对目标的执着追求可以高就,但是做事情的时候心态一定要低就。人只有经历了挫折、拒绝、打击、折磨和否定,才能让自己的内心变得更加强大。所以,我们要把心态放平,即使面对无奈的现实,也要做到内心强大。

简单来说,把心态放平,就是做人要有理想,但不要过于理想化;把心态放平,就是要先调整自己的心情,再解决事情;把心态放平,关键是要有勇气做你自己。俗话说:一口吃不成个胖子。凡是那些令人瞩目的成就,没有哪个是一夜之间取得的;成功者若没有经过长时间的积累,是不可能获得"登天"

的成绩的。

做什么事情都是如此,不能仅凭着自己的想法去做事,一味地追求速度而忽略其他的问题。否则,浮躁只会成为你成功路上的绊脚石,不会让你获得你想要的结果,只有脚踏实地才能获得最终的成功。

4

有一年夏天,一位小伙子登门拜访年事已高的爱默生。来者自称是一个诗歌爱好者,从小时候就开始创作诗歌,但由于住处偏僻,一直没有名师的指点,所以千里迢迢前来寻求爱默生的指导。

这位青年诗人虽然出身贫寒,但谈吐优雅,气度不凡。老少两位诗人谈得非常融洽,爱默生对他非常欣赏。

临走时,青年诗人留下了薄薄的几页诗稿。

爱默生读了这几页诗稿后,认定这位乡下小伙子在文学上将会前途无量,决定凭借自己在文学界的影响大力提携他。

爱默生将那些诗稿推荐给文学刊物发表,但反响不大。他希望这位青年诗人继续将自己的作品寄给他。于是,老少两位诗人开始了频繁的书信来往。

青年诗人的来信经常长达几页,大谈特谈文学问题,激情洋溢,才思敏捷,表明他的确是个天才诗人。爱默生对他的才华大为赞赏,在与友人的交谈中经常提起这位诗人。青年诗人很快就在文坛有了一点小小的名气。

但是,这位青年诗人以后再也没有给爱默生寄诗稿来,信却越写越长,奇思异想层出不穷,言语中开始以著名诗人自居,语气越来越傲慢。

爱默生开始感到了不安。凭着对人性的深刻洞察,他发现这位年轻人身上出现了一种危险的倾向。

通信一直在继续。爱默生的态度逐渐变得冷淡,成了一个倾听者。

第一章
天下大事必作于细，而不是追求浮华的幻影

很快，秋天到了。

爱默生去信邀请这位青年诗人前来参加一个文学聚会。他如期而至。

在这位老作家的书房里，两人有一番对话：

"后来为什么不给我寄稿子了？"

"我在写一部长篇史诗。"

"你的抒情诗写得很出色，为什么要中断呢？"

"要成为一个大诗人就必须写长篇史诗，小打小闹是毫无意义的。"

"你认为你以前的那些作品都是小打小闹吗？"

"是的，我是个大诗人，我必须写大作品。"

"也许你是对的。你是个很有才华的人，我希望能尽早读到你的大作品。"

"谢谢，我已经完成了一部，很快就会公之于世。"

文学聚会上，这位被爱默生所欣赏的青年诗人大出风头。他逢人便谈他的伟大作品，表现得才华横溢，咄咄逼人。虽然谁也没有拜读过他的大作品，即便是他那几首由爱默生推荐发表的小诗也很少有人拜读过。但几乎每个人都认为这位年轻人必将成大器。否则，大作家爱默生能如此欣赏他吗？转眼间，冬天到了。

青年诗人继续给爱默生写信，但从不提起他的大作品。信越写越短，语气也越来越沮丧，直到有一天，他终于在信中承认，长时间以来他什么都没写。以前所谓的大作品根本就是子虚乌有之事，完全是他的空想。

他在信中写道："很久以来我就渴望成为一个大作家，周围所有的人都认为我是个有才华有前途的人，我自己也这么认为。我曾经写过一些诗，并有幸获得了阁下您的赞赏，我深感荣幸。

"使我深感苦恼的是，自此以后，我再也写不出任何东西了。不知为什么，每当面对稿纸时，我的脑中便一片空白。我认为自己是个大诗人，必须写出大作品。在想象中，我感觉自己和历史上的大诗人是并驾齐驱的，包括和

尊贵的阁下您。

"在现实中，我对自己深感鄙弃，因为我浪费了自己的才华，再也写不出作品了。而在想象中，我是个大诗人，我已经写出了传世之作，已经登上了诗歌的王位。

"尊贵的阁下，请您原谅我这个狂妄无知的乡下小子……"

从此后，爱默生再也没有收到这位青年诗人的来信。

人生从来没有一蹴而就的成功，不轻视自己所做的每一件事，坚持不懈地努力，这就是厚积薄发的妙处。唯有厚积，拥有一颗不断进取的心，不断地积累，才能使自己更强大；也唯有薄发，最后的能量才会闪耀出惊人的光彩。

成功不在于你做了多少，而在于你做了什么

当一块大石头横亘在马路上的时候，你使用蛮力固然可以将其推开，但是如果你愿意使用杠杆等工具来搬走它，那无疑更加高效一些。解决困难的关键在于方法和技巧，而不是蛮干。

1

马云曾经说过：世界上很多非常聪明并且受过高等教育的人无法成功，就是因为他们从小就受到了错误的教育，他们养成了勤劳的"恶习"。

都记得爱因斯坦说的那句话吧:天才就是99%的汗水加上1%的灵感。这句话不是绝对正确,他们被这句话误导了一生,勤勤恳恳地奋斗,最终却碌碌无为。

对于成功,哥伦布曾经有过一个形象的比喻,他认为发现新大陆就像是将鸡蛋立在桌子上一样,很多人都无法成功,而他所做的其实只是将鸡蛋一端的壳敲碎了,然后就获得了成功。很多时候,我们没有突破自己的思维,认为做得更多就理所应当地收获更多回报,可是办事方法不对,最终结果也就不尽如人意。其实,一个人无论做什么,最重要的是坚持用最有效的方法去做,否则即使每日冥思苦干,也是很难出成绩的,因为成功不在于你做了多少,而在于你做了什么,你的方法比别人更好,比别人更具特色和竞争力,你自然也就会更加成功。

2

相传,大英图书馆老馆年久失修,所以在新地方建了一个新的图书馆。新馆建成后,要把老馆的书搬到新馆去。这本来是搬家公司的工作,不需要再策划,把书装车运走,摆放到新馆即可。问题是按预算需要350万英镑,图书馆没有这么多钱。眼看着雨季就到了,不马上搬,损失将更大。怎么办?馆长想了很多方案,但都不太合心意。

正当馆长苦恼的时候,一个馆员问馆长苦恼什么?馆长把情况向这个馆员介绍了一下。几天之后,馆员找到馆长,告诉馆长他有一个解决方案,不过仍然需要150万英镑。馆长十分高兴,因为图书馆有这么多钱。

"快说出来!"馆长很着急。

馆员说:"好主意也是商品,我有一个条件。"

"什么条件?"馆长更着急了。

"如果把150万英镑全花尽了, 那权当我为图书馆作贡献了, 如果有剩余,图书馆把剩余的钱给我。"

"那有什么问题？350万英镑我都认可了,150万英镑以内剩余的钱给你,我马上就能做主！"馆长很坚定地说。

"那咱们签订个合同？"馆员意识到发财的机会来了。

合同签订了,不久馆长实施了馆员的搬家方案。结果150万英镑连零头都没用完,搬家就完成了。

原来,图书馆在报纸上发出了一条惊人的消息:从即日起,大英图书馆免费、无限量向市民借阅图书,条件是从老馆借出,还到新馆去……

有这样一句俄罗斯谚语:"巧干能捕雄狮,蛮干难捉蟋蟀。"这句话道出了一个普遍的真理,即做事讲究方法,巧干远胜蛮干。巧干是抓住了事情的关键,并找到了有针对性方法的结果。巧干既可以减少劳动量,又可以达到事半功倍的效果。

无论是在工作中还是生活中,我们都应该培养出这种良好的思维习惯,遇到问题时多思考为什么,多思考怎样才能够找到它的关键所在。一旦找到了这个关键,看起来很难办的事情就会变得轻而易举了。

3

现实生活中,很多年轻人都会有困惑,比如很多高中生平时学习很努力,考试成绩却不尽如人意。这并不是因为他们比别人笨,而是因为他们没有掌握学习的要点,结果做得比别人多,收获却比别人少。很多职员发现自己做得比别人多,加班时间更长,可是每次加薪升职都轮不到自己。可事实上,别人短时间内所做工作比你花费数倍时间所做的更有效率,别人短时间内也许做到了你一辈子都没有做到的事。

成功就要做那些正确的有效的事情,做得多并不代表你做得好,也并不代表你一定比别人更加成功。事实上,有多少人是通过埋头苦干来收获成功的?勤奋固然重要,但真正获得成功的人,往往是那些能够抓住重点、把握关键的人,是那些在常规思维中想办法寻求突破的人,可以说一个人的工作方法往往比他付出的时间和精力更加重要。

普利斯是一名犹太商人,他移民到了澳大利亚,一到墨尔本,他就开了一家食品店,这是他的老本行,对于他来说轻车熟路。

可是很不幸,一场激烈的竞争就此展开了——在他的店对面,早已有一家食品店,是意大利人卡尔斯开办的。

卡尔斯眼看新的竞争对手出现,十分焦虑,他苦思冥想了很久,最后决定以降价的方式进行竞争。于是,他便在自家店门前立了一块木板,写道:"火腿,1磅5毛钱。"他希望这样能让对面的普利斯知难而退。没想到普利斯很快就行动起来,也在自家门前立起木板上写:"火腿,1磅4毛钱。"这令卡尔斯气愤不已,竞争进一步激化。

卡尔斯即刻把价格写成:"火腿,1磅3毛5分钱。"

这样的价格,已经降到了成本之下。卡尔斯认为,这次无论如何普利斯都无能为力了。自己虽然亏点,但是能把普利斯赶走也是值得的。

可是,让人愤怒的是,普利斯更离谱,他把价钱改写成:"火腿,1磅3毛钱。"这个价格已经让卡尔斯无法承受了,卡尔斯天天在家思考应对的策略,但一直都毫无头绪。

接着,几天下来,卡尔斯终于撑不住了,他气冲冲地跑到普利斯的店里大吼道:"小子,有你这样卖火腿的吗?这样疯狂地降价,知道会有什么样的结果吗?咱俩都会破产的!"

普利斯抬起头微微一笑:"什么'咱俩'?我看只有你会破产吧!"原来他的食品店里根本就没有火腿!

中国有很多古话,比如"擒贼先擒王""打蛇打七寸",这些就是一种技巧,是一种更为高效的生存方式,我们做事时也需要借鉴这些技巧。你傻乎乎地坚持干工作,坚持比别人干得更多,这是一件好事,但是成功需要付出努力,同样需要运用技巧,你要懂得观察生活,找出关键点或者薄弱点,做和别人有所不同的事情。

4

生活中并不缺乏机会,但是人生道路上的困难也不可忽视,我们如何处理这些困难,如何克服各种各样的问题,我们将采取何种方法,这些直接影响我们的成功。

1998年,他从世界顶级咨询公司辞职,开始了自主创业之路。

由于受之前公司的影响,他一开始决定将公司做成一个高端、有档次的国际性人力资源服务公司。通过之前积累下的一些资源,他从一些大企业要来了一些招聘名额,并花高价钱在一家档次和定位很高的英文报纸,刊登了这些招聘启事,期待着能来个开门红。然而,迎接他的却是一盆冷水,没有一个求职者来应聘。

为了查明原因,他开始在一些求职者中展开调查。结果,他发现很多人都在那种印刷质量很差、拿到手都会沾上油墨的报纸上寻找招聘信息。那报纸上面密密麻麻地印着许多招聘信息,虽然看着不起眼,但其广告效果却出奇的好,只要在上面投放一条招聘信息,就能收到上千份的求职简历。他立即找到这家报社,表示也想承包几个发布招聘信息的广告位后,对方却婉言谢绝了。借助报纸来推广自己的道路被堵死了。

既然无法借助报纸来推广自己,那么该通过何种方式推广呢?他一直在苦苦思索着。

第一章
天下大事必作于细，而不是追求浮华的幻影

有一次，他无意间在报纸上看到一则新闻。大意是说本市的公共巴士因为乘坐的人很多，导致座位上部的衬套很脏，很多乘客对此深表不满，觉得这与这座国际大都市的形象不符，要求公共巴士上的衬套要更干净整洁。

公共巴士上有着各色各样的乘客，上面不正聚集着大量的潜在求职者吗？他灵机一动，决定从公共巴士入手，推广宣传自己。

于是，他主动找到公交公司，表示自己可以免费帮他们每天及时换洗衬套，来重新树立起公交公司的好形象。但条件只有一个，那就是衬套上必须印有他们公司的电话和网站以及部分简短的宣传语。

有人愿意免费帮自己改变不好的形象，这种占便宜的事情公交公司自然是满口答应。接下来他把公司的员工全部派遣了出去，同时还招了一些学生来做兼职，所有人只做一件事——随时帮公共巴士更换脏了的衬套。

这一招果然收到了很大的效果，在给公共巴士换衬套的行为持续了一年多以后，很多白领上班族一下子知道了他的公司，公司的名字一下子传开了。许多招聘单位也跟着主动找上门来，希望通过他们寻找到满意的人才。

获得高知名度后，他又在全国其他的一些地方报纸上买下了不少版面，创建了以自己公司命名的招聘周刊，单期曾在全国创下500万份的发行量，并以报纸这种传统媒体带动自己的新型招聘网站。

凭借着这种独特有效的市场推广方式，他的公司一举从起初的行业末端爬到了顶端，成为中国最大、最具权威和影响力的人力资源服务公司，在美国纳斯达克成功上市。他就是前程无忧的总裁，甄荣辉。

生活中，有人日出而作，一天埋头苦干十一二个小时，但结果却不尽如人意，一生平庸，碌碌无为。

事实上，解决问题的方法有很多，我们不一定非要选择那种最原始最古

板的方法。当力量不能取胜或者难以取胜的时候,我们需要创造新的风格、新的方法,需要使用更具技巧的方法。这就像那些冒险者在面临困境时的抉择一样,他们所接受的考验非同寻常,所以处理的方法也绝对要慎之又慎。他们会告诫你,一旦在西部大沙漠中遭遇响尾蛇,你所要做的不是去激怒它,不是徒手依靠蛮力来挑战它,而是要采用更为温和、更为保守的方式,甚至于你可以绕开它。

第二章 平步青云的人那么多，为何唯独你原地踏步

一个人的职业素养多半与工作态度挂钩，它不是要你吹毛求疵，而是要求你从小事认真做起，一点一滴地蓄积能量，厚积薄发，直到最后攀上事业的巅峰。要想成为从职场中脱颖而出的"黑马"，小处千万不能马虎。

你认真了,世界都会为你让路

什么是不简单?能够把每一件简单的事情做对千百遍,就是不简单。什么叫不容易? 能够把大家公认是非常容易的事情高标准地认真做好,就是不容易。

1

一个人成功与否在于他能不能做什么事都力求做到最好。成功者无论从事什么工作,都绝对不会草率行事,而是以超高的标准要求自己。能够做到最好,就必须做到最好,能够完成100%,就绝不只做99%。

美国总统麦金莱曾说过:"比其他事情更重要的是, 你们需要尽职尽责地把一件事情做得尽可能完美。与其他有能力做这件事的人相比,如果你总是能做得更好,那么你就永远不会失业。"

其实,往往是越简单的事越不好做。因为越简单的事越不容易出彩,想要不同凡响,更是不易。

我们总是想做大事,却不屑于做简单的事,结果经常会停滞在离成功很远的地方,或者是还有一点点距离的地方。其实,我们绝大多数都是平平庸庸的,我们绝大多数是在做简简单单的事情,海尔集团总裁张瑞敏说:"把简单的事做好就是不简单,把平凡的事做好就是不平凡。"天下大事,必作于细,把简单的事持续做好,才能不断地成长,不断地实现自己的目标。

2

"千里之行始于足下",任何的成功都是从每一步积累起来的。只有甘于从平凡小事做起,一步一个脚印,踏踏实实、兢兢业业工作的人才能够层层攀升,不断地实现自己的人生目标。只有善于做小事的人才能做成大事。

职业演说大师马克·桑布恩在其著作《邮差弗雷德》中讲述了自己第一次遇见弗雷德的故事。

事情发生在马克·桑布恩买下自己平生第一所房子之后。

"上午好,桑布恩先生!"弗雷德说话非常真诚热情,"我的名字叫弗雷德,是这里的邮递员。我顺道来看看,向您表示欢迎,也介绍一下我自己,同时也希望能对您有所了解,比如您所从事的行业。"

马克·桑布恩收过很多邮件,但还从没有见过这样热情的邮递员。他心中感到非常温暖,对弗雷德说:"我是个职业演说家。"

"如果您是位职业演说家,那肯定要经常出差旅行了?"弗雷德问。

"是的,确实如此。我一年总要有160到200天出门在外。"

弗雷德说:"既然如此,如果您能给我一份您的日程表,您不在家的时候我可以把您的信件暂时代为保管,打包放好,等您在家的时候再送过来。"

桑布恩觉得没必要这么麻烦:"把信放进房前的信筒里就好了,我回家的时候再取也一样的。"

弗雷德解释说:"桑布恩先生,窃贼经常会窥探住户的邮箱,如果发现是满的,就表明主人不在家,那您就可能要深受其害了。"

桑布恩被弗雷德的责任心深深震撼了。

弗雷德继续说道:"我看不如这样,只要邮箱的盖子还能盖上,我就把信放到里面,别人就不会看出您不在家。塞不进邮箱的邮件,我搁在房门和屏栅门之间,从外面看不见。如果那里也放满了,我就把其他的信留着,等您回来。"

此时，桑布恩不禁暗自琢磨："这人真的是美国邮政的雇员吗？或许这个小区提供特别的邮政服务？不管怎样，弗雷德的建议听起来真是完美无缺，我没有理由不同意。"

一段时间之后，桑布恩出差回来，刚把钥匙插进锁眼，突然发现门口的擦鞋垫不见了。他想不通，难道在丹佛连擦鞋垫都有人偷？不太可能。转头一看，擦鞋垫跑到门廊的角落里了，下面还遮着什么东西。

事情是这样的：在桑布恩出差的时候，快递公司误投了他的一个包裹，放到了另一家的门廊上。幸运的是，弗雷德看到桑布恩的包裹被送错了地方，就把它捡起来送到桑布恩的住处藏好，上面还留了张纸条解释事情的来龙去脉，又费心地用擦鞋垫把它遮住，以避人耳目。

接下来的十年中，桑布恩一直受惠于弗雷德的杰出服务。一旦信箱里的邮件塞得乱糟糟的，那一定是弗雷德没有上班。

我们都知道蒸汽机的原理：当水温达到99℃时，还并不是开水，只有再添一把火，让水温再升高1℃才会使水沸腾，这时，产生的大量蒸汽通过大气压推动机器，从而产生巨大的动力和经济价值。在生活中，有很多事情就和蒸汽机的原理一样，往往因为"差一点儿"而导致整个事情未能成功。所以，我们做任何事情都要做到尽善尽美，都要像邮差弗雷德一样尽职尽责。

3

每个人的工作都是从小而简单的事做起的，而这些小事就好比砖，一个人的事业之路，就是靠这些砖一块一块地铺就的。

我们时常对目前的工作不满意，找出一大堆理由，诸如工作内容太简单、不受领导重视等，但很少会从自身找原因，其实我们可以问一问：自己是否尽心尽力，有没有把这份"简单"的工作做好，有没有把当前工作做到最基本的要求和水准。

许多年前，一个妙龄少女来到东京帝国酒店当服务员。这是她涉世之初的第一份工作，也就是说她将在这里正式步入社会，迈出她人生第一步。因此她很激动，暗下决心：一定要好好干！然而她没想到，上司安排她的工作是洗厕所！

洗厕所！一般人都不爱干，何况她从未干过粗重的活儿，细皮嫩肉，喜爱洁净，她不禁在心里打起了退堂鼓。洗厕所时在视觉上、嗅觉上以及体力上都会使她难以承受，心理暗示的作用更是使她忍受不了。当她用自己白皙细嫩的手拿着抹布伸向马桶时，胃里立马"造反"，翻江倒海，恶心得几乎呕吐却又呕吐不出来，太难受了。而上司对工作质量的要求却特别高，高得骇人：必须把马桶抹洗得光洁如新！

她当然明白"光洁如新"的含义是什么，她当然更知道自己不适应洗厕所这一工作，真的难以实现"光洁如新"这一高标准的质量要求。因此，她陷入困惑、苦恼之中，也哭过鼻子。这时，她面临着人生第一步怎样走下去的抉择：是继续干下去，还是另谋职业？继续干下去——太难了！另谋职业——知难而退？人生之路岂有退堂鼓可打？她不甘心就这样败下阵来，因为她想起了自己初来时曾下的决心：人生第一步一定要走好，马虎不得。

正在此关键时刻，同单位一位前辈及时地出现在她的面前，帮她摆脱了困惑、苦恼，帮她迈好了这人生第一步，更重要的是帮她认清了人生路应该如何走。但他不是用空洞的理论去说教，而是亲身示范给她看。

首先，他一遍遍地抹洗着马桶，直到将其抹洗得光洁如新；然后，他从冲过水的马桶里盛了一杯水，一饮而尽！竟然毫不勉强。实际行动胜过万语千言，他不用一言一语就告诉了这个少女一个极为朴素、极为简单的真理：光洁如新，要点在于"新"，新则不脏，新马桶中的水就也是不脏的，是可以喝的；反过来讲，只有马桶中的水达到可以喝的洁净程度，才算是把马桶抹洗得"光洁如新"了，而这一点已被证明可以办得到。

同时，他送给她一个含蓄的、富有深意的微笑，送给她一束关注的、鼓励的目光。此时她激动得几乎不能自持，从身体到灵魂都在震颤。她目瞪口呆，热泪盈眶，恍然大悟，如梦初醒！她痛下决心：

"就算自己一生只能洗厕所，也要做一个洗厕所最出色的人！"

从此，她成为一个积极振奋的人；从此，她的工作质量也达到了那位前辈的高水平，当然她也多次喝过马桶里的水，为了检验自己的自信心，为了证实自己的工作质量，也为了强化自己的敬业心；到此，她很漂亮地迈出了人生的第一步；从此，她踏上了成功之路，开始了她的不断走向成功的人生历程。

几十年光阴一瞬而过，如今她已是日本政府的重要官员——邮政大臣。她的名字是野田圣子。

无论从事什么行业，做什么工作，做好工作的前提和保障就是需要拥有一个敬业的态度，即用一种恭敬严肃的态度对待自己的工作，一心一意，认真负责，任劳任怨，精益求精。

多做一盎司，永远保持跨栏的姿势

在日常工作中，有很多工作环节都是需要我们增加那"一盎司"的。大到对工作、公司的态度，小到你正在完成的工作，甚至是接听一个电话、整理一份报表，只要能"多加一盎司"，把它们做得更完美，你将会有数倍于一盎司的回报，这是毋庸置疑的。

1

盎司是英制计量单位，一盎司只相当于1/16磅。但是，就是这微不足道的一点区别，会让你的工作大不一样。多加一盎司，工作可能就大不一样。尽职尽责完成自己的工作的人，最多只能算是称职的员工。如果在自己的工作中再"多加一盎司"，你就可能成为优秀的员工。

著名投资专家约翰·坦普尔顿通过大量的观察研究，得出一条很重要的原理："多一盎司"定律。他指出，取得突出成就的人与取得中等成就的人几乎做了同样多的工作，他们所作出的努力差别很小——"多一盎司"。但其结果，所取得的成就及成就的实质内容方面，却经常有天壤之别。

在工作中，有很多时候需要我们"多加一盎司"。多加一盎司，工作就可能大不一样。尽职尽责完成自己的工作的人，最多只能算是称职的员工。如果在自己的工作中再"多加一盎司"，你就可能成为优秀的员工。

2

在美国,有一位名叫布莱尔的大学生毕业了,他如愿以偿地进入了全美国最大的现金出纳机公司工作。但是,进入公司后,他却被安排做该公司的电话远端支持服务。具体的工作内容就是通过电话给予那些购买了该公司的出纳机的顾客以有效的帮助,回答他们对于产品的疑问,帮助他们解决在实际使用过程中所遇到的困难,也就是电话排障员。要知道,这是这个公司中最不起眼的工作了。

一个刚毕业的大学生,正充满激情、干劲儿十足的时候,做着一个在很多人看来都没有意义、非常无聊乏味的工作,要想保持充分的激情和认真负责的态度是很困难的。然而就这样几个月过去了,布莱尔始终认真、一丝不苟而又充满热情地做着这份工作。

其实电话排障员现场接触机器的机会是比较少的,但是如果想要成为一名合格、优秀的排障员,却并不是想象的那么简单轻松。一名合格的、优秀的电话排障员必须要对自己公司的仪器有着相当深入、具体、全面而又详细的了解,但是电话排障员每天大多数的工作时间都是坐在座位上等待电话,似乎非常无聊乏味。正是存在这样的矛盾,因此,绝大多数的人对于仪器的处理都只是停留在学校所学的基础理论知识以及公司所发的故障排除手册上,而对于实际中存在的千奇百怪的问题无法完全解决,从而导致用户的不信任。

虽然公司的很多员工都意识到了这个问题的存在和弊端,却没有人用实际行动加以改变。大家几乎都认为,以电话排障员那最底层的职位和微薄的薪水,只需要认真遵照公司发放的手册工作就已经不错了,至于不能让客户百分百满意,那是他们能力和权力范围外的事。

但是,布莱尔发现这个问题后却开始行动了。他下定决心,努力寻求解决那些问题的方法。他找来很多相关的书籍和资料,每天下班后都抽出一段时间细细地研读,总结在每一个细节中可能会出现的问题。这样一来,经过一段时间的不断积累,凡是公司产品能出现的问题他都弄得清清楚楚。

短短的几个月时间,他就对现金出纳机有了极为详细而全面的了解。但是他并没有因为自己的进步而停下向前努力的步伐,而是更加严格要求自己不断学习新的知识。就这样,时间长了,用户都愿意打电话找他。因为在布莱尔那里,他们的困难总是能够得到快速而又实际有效的解决。

没多久,布莱尔在用户中出了名。每当打进电话来之后,很多客户都点名要求总机把电话转给他们所信任的布莱尔。从此,布莱尔的分机总是最忙的一个,几乎成了公司的热线。而其他的排障员一天也接不到几个求助电话。

不久,这个现象就被公司总经理发现了,于是,他抽出时间以一个客户的身份向布莱尔咨询了某些问题。当然,总经理所咨询的问题都是相当有难度的,这样做的目的就是考察布莱尔是否真的如客户反映的那样具有很强的工作能力。

而令人难以置信的是,无一例外,布莱尔将这些问题都非常完美地解决了。在感叹一个小小的电话排障员拥有如此全面而深入的技术知识之外,总经理还发现了这样一个问题,布莱尔对待客户的服务态度也是非常好,不管客户在那边如何烦躁、如何生气,布莱尔总是能以非常友好的态度来对待,整个工作状态让人感受到一种振奋人心的激情和轻松愉快的感觉,总经理对他非常满意。

在年底的时候,技术部经理的职位出现了空缺,总经理找到了布莱尔,问他是否愿意调换到技术开发部工作,布莱尔表示非常乐意。几天以后,布莱尔便在自己的电话桌上发现了调换工作部门的通知书。

布莱尔通过观察工作中的每一个细节,并对这些细节中存在的问题加以有效地研究并改正,终于从众多的同事中脱颖而出,成了公司的骨干成员,实现了自己人生的重大跨越。

　　"多加一盎司"在所有的工作中都会产生好的效果。如果你多加一盎司，你的士气就会高涨，而你与同伴的合作就会取得非凡成绩。要取得突出成就，你必须比那些取得中等成就的人多努力一把，学会再加一盎司，你会得到意想不到的收获。

3

　　取得中等成就的人与取得突出成就的人几乎做了同样多的工作，他们所做出的努力差别很小——只是"多一盎司"。但结果，其所取得的成就及成就的实质内容方面，却经常有天壤之别。这好比两个人参加马拉松比赛，在奔跑两个小时以后，都已经完成了42公里的赛程，还有不到200米，就将到达终点。当时的情况是，两人都十分劳累、难受。前者选择了放弃，而后者则坚持了下来。相对于他跑过的漫长路程，余下这一段短短的距离所具有的价值和意义是不言而喻的，没有这几步，此前的努力将变得毫无意义；有了这几步，他就成了一个征服马拉松的胜利者。取得中等成就的人只是少跑了几步，不幸的是，那是最有价值的几步。

　　"多一盎司"定律可以运用到人类努力的每一个领域中。多做一点是一个良好的习惯。你没有义务做自己职责范围以外的事，但是你却可以选择自愿去做，来驱策自己快速前进。率先主动是一种极珍贵、备受看重的素养，它能使人变得更加敏捷，更加积极。如今在每个公司，个人的工作内容相对比较确定，并不一定有许多"分外"之事让我们去做。而且，当一个人已经完成了绝大部分的工作，付出了99%的努力，再"多加一盎司"其实并不难。

4

在美国的佛罗里达州曾发生过这样一个故事。

约翰和哈里两个年轻人,同时进入一家蔬菜贸易公司。

三个月后,哈里很不高兴地走到总经理办公室,向总经理抱怨说:"我和约翰同时来到公司,现在约翰的薪水已经增加了一倍,职位也上升到了部门主管。而我每天勤勤恳恳地工作,从来没有迟到早退过,上司交代的任务总是按时按量地完成,从来没有拖沓过,可是为什么我的薪水一点没有增加,职位依然是公司的普通职员呢?"

总经理没有马上回答哈里的问题,而是意味深长地对他说:"这样吧,公司现在打算预订一批土豆,你先去看一下哪里有卖的,回来我再回答你的问题。"

于是,哈里走出总经理办公室,找卖土豆的蔬菜市场去了。半个小时后,哈里急匆匆地来到总经理办公室,汇报说:"二十公里外的'集农蔬菜批发中心'有土豆卖。"

总经理听后问道:"一共有几家卖的?"哈里挠了挠头说:"我刚才只看到有卖的,没看到有几家,您稍等一会儿,我再去看一下!"

说完就又急匆匆地跑出去了。二十分钟后,哈里喘着粗气再次跑到总经理办公室汇报:"报告总经理!一共有三家卖土豆的。"

总经理又问他:"土豆的价格是多少?三家的价格都一样吗?"哈里愣了一下,又挠了挠头说:"总经理,您再等一会儿,我再去问一下。"

说完,哈里就要向外跑。这时,总经理叫住他:"你不用再去了,你去帮我把约翰叫来吧。"

三分钟后,哈里和约翰一起来到总经理办公室。总经理先对哈里说:"你先在这里休息一下吧!"

　　然后又对约翰说:"公司打算预订一批土豆,你去看一下哪里有卖的。"

　　四十分钟后,约翰回来了,向总经理汇报:

　　"二十公里外的'集农蔬菜批发中心'有三家卖土豆的。

　　"其中两家都是1.8美元一公斤,只有一位老人卖的是1.6美元一公斤。

　　"我看了一下他们的土豆,发现老人家的最便宜,而且质量也最好,因为他是自己农场里种植的。

　　"如果我们需要很多的话,价格还可以更优惠一些,并且他们家有货车,可以免费送货上门。

　　"我已经把那老人带来了,他就在门外等着,要不要让他进来具体洽谈一下?"

　　总经理说道:"不用了,你让他先回去吧!"

　　于是,约翰就出去了。

　　这时,总经理看着在办公室里目瞪口呆的哈里,问道:"你都看到了吧!如果你是总经理,你会给谁加薪升职呢?"

　　哈里惭愧地低下了头。

　　"多加一盎司"其实并不难,我们已经付出了99%的努力,已经完成了绝大部分工作,再多增加"一盎司"又有什么困难呢?但是,我们往往缺少的却是"多加一盎司"所需要的那一点点责任、一点点决心、一点点敬业的态度和自发自立的精神。

可以一无所有,但至少让自己无可取代

如果你不想出局,就要设法让你的工作不可替代。因为一旦你的工作随时可以被人取代,那就说明你没有一点核心竞争力,自然也没有半点优势,又如何去与别人竞争呢?

1

工作没有好坏之分,有的工作位置很突出,很容易出成绩;有的工作则很单调,但是只要你把它做到极致,你也一样能让自己脱颖而出,不可替代。

当今职场的竞争非常残酷,条件优秀者层出不穷;在公司里,大家都瞄准突出的职位,造成群雄逐鹿之势;而另一方面,企业中的过度竞争导致许多企业大规模裁员,或者有计划地淘汰员工;在这种境遇下,你如果不想出局,那你就要设法让你的工作不可替代,因为一旦你的工作随时可以被别人取代,那就显得你没有一点核心竞争力,自然也没有半点优势,又如何去与别人竞争呢?要知道,你身边能胜任你工作的人太多了。

在职场中,你会面临许多压力和挑战,如果要保住你的位置,甚至想取得进一步发展,你就必须清楚周围的形势和自己的实力,做到知己知彼;你要清楚地知道,身边还有许多可以随时替代你的人,而你必须做得比他们更优秀,这样才能显示出你的优势,使你成为公司不可或缺的员工。或许有人会问:公司中显要的职位就这么几个,大部分处在普通岗位的员工又如何让自己不可或缺呢？的确,当前工作分工越来越细,大部分工作都是一些低端的、没有什么技术含量的工作,但这些工作同样可以让你显得不可替代,秘诀就一个:让自己做得比别人更好。

2

艾莉是外交学院品学兼优的好学生。然而不巧的是,她毕业时正赶上政府大幅度精简机构,外交系统也不例外。出乎同学们的意料,出类拔萃的她被分配到英国大使馆的电话室做接线员。一个小小的接线员,在所有人的眼里都是很没有出息的岗位。了解她的人都为之惋惜,觉得是运气不佳,怀才不遇,大材小用了,纷纷建议她再去找个更好的工作。

然而,艾莉自己却无怨无悔,心甘情愿。她说:"从接线员起步,也许能成长得更扎实。"她满腔热情、任劳任怨地投入了接线员的工作,将使馆所有人的名字、电话、工作范围,甚至连他们的家人的名字,都背得滚瓜烂熟。有些电话打进来,却不知道要办的事情应该找谁。她总会问个详细,尽量帮助找到该找的人。慢慢地,使馆人员有事外出前,经常给她打电话,告诉她有谁可能会来电话,请她帮助转告、解答有关事项,就连私事也委托她通知。不到一年,使馆人员都亲切地戏称她为"留言中心秘书长"。

有一天,从不轻易表扬下属的大使竟然亲自光临电话室,对艾莉非常赞赏地说:"没有小角色,只有小演员。你在平凡的接线员岗位上,做出了不平凡的成绩。你将受到外交部的嘉奖……"

大使的这个举动,在使馆人员的眼里可是破天荒的事情,没过多久,她就被调去给英国某大报的驻外首席记者做翻译。

这位首席记者是个名气很大的倔老头,得过战地勋章,被授过勋爵。他的本事大,脾气也大,把前任翻译给赶跑后,开始也不想要艾莉,后来才勉强同意试一试。结果一年后,首席记者不仅非常满意,而且正式提出退休的请求,并建议请艾莉来接替自己的工作。

艾莉没能接替首席记者的工作,而是被调回英国大使馆,出任大使的秘书,成为一位前途无量、令人羡慕的外交官。

3

我们在找到愿意为之奋斗的事业之后,一定要努力让自己成为这个领域的专家。成为专家不仅是我们个人对自己的要求,也是现代企业对员工的基本要求。如果你是掌握了公司业务核心技术的软件工程师、医术精湛的内(外)科医生、创意无穷的文案写手、对于新闻有着超乎常人的嗅觉且能写出好新闻的记者、精通多国语言的外贸人员……那么,无论在哪儿工作,你都会很快成为举足轻重的人物。原因就在于,你是某个领域的专家,你是无可替代的,因为你能做别人不能做的事。

随着科技日新月异,竞争日益激烈。如果谁想在这激流里顺利抵达彼岸,谁想在这广阔的蓝天上尽情翱翔,那么成为行业里的专家将是你人生前行的“绿卡”。行业专家,能使企业在短时间内、在某一专业领域内迅速提升竞争力,其受欢迎程度可想而知。

行行出状元已经是一句古话,做行业内专家也不算新鲜的提法。干一行、爱一行、钻一行是我们常说的话。这些话好说,但不好做。谁都想使自己的工作结果得一百分,谁都想把自己所追求的事业做得尽善尽美,但谁能绝对地做到呢?做行业内专家是个高标准的要求,但这个要求的实现并不是立竿见影的,需要认真思考,大胆实践,需要时间,需要过程。只有高起点的定位,才有高目标的实现。

每一个杰出的人物都有过表现平平的过去,他们也是一步步走向卓越的。因此,不要认为别人比你强,别人比你善于做此行,所有的技巧都是可以学会的,只要努力,你也可以成为一个不可替代的行家。

4

成功学的创始人拿破仑·希尔曾经聘用了一位年轻的小姐当助手,替他拆阅、分类及回复他的大部分私人信件。她的主要工作就是听拿破仑·希尔口述,记录信的内容。

有一天,拿破仑·希尔口述了下面这句格言:记住,你唯一的限制就是你自己脑海中所设立的那个限制。从那天起,她把这句格言深深地刻在了自己的心里,并付诸行动。她开始比一般的速记员提早来到办公室,而且在用完晚餐后又回到办公室,从事不是她分内而且也没有报酬的工作。

她开始研究拿破仑·希尔的写作风格,不等口述,直接把写好的回信送到拿破仑·希尔的办公室来。由于她的用心,这些信回复得跟拿破仑·希尔自己写的一样好,有时甚至更好。

她一直保持着这个习惯,直到拿破仑·希尔的私人秘书辞职为止。当拿破仑·希尔开始找人来补这位男秘书的空缺时,他很自然地想到这位小姐。实际上,在拿破仑·希尔还未正式给她这项职位之前,她已经主动地接受了这项职位。

这位年轻小姐的办事效率太高了,因此也引起其他人的注意,很多更好的职位都虚位以待。对这件事拿破仑·希尔实在是束手无策,因为她使自己变得对拿破仑·希尔极有价值,她的价值还不止于她的工作,更在于她的进取心和愉快的精神,她给公司带来了和谐和美好。因此,拿破仑·希尔不能冒失去她这个帮手的风险,不得不多次提高她的薪水,她的佣金已达到她当初来这儿当一名普通速记员的四倍。

敬业精神,是现代人应该具备的职业道德。如果你在工作上敬业,并且把敬业变成一种习惯,你会一辈子从中受益。

不断为自己充电，是你增值的砝码

我们生来就像是一个电脑裸机，什么配置都没有，但是在日后，我们会通过学习不断充实自己。先天条件我们无法改变，对此我们可以说上天没有给我们好的条件。但若是经过漫长的一段时间后你仍在原地踏步，那么你就该反思自己了。因为在这段时间，你没有为自己注入新的东西。

1

美国总统杜鲁门说过："不是所有的读书人都是一名领袖，然而每一位领袖必须是读书人。"杜鲁门没有读过大学，但他从来没有停止过学习。与此相反的是，很多人认为，我们所需要的知识在学校就已经学过了，学习是学生的事。所以，很多人上班后就不再读书，不再学习工作之外的东西，往往把大把的时间浪费在闲聊与玩手机上。

其实，想在事业上有所成就，我们应该学一些工作之外的新东西，以增强自己的综合能力，不断提高自己适应这个社会的能力。

年轻的彼得·詹宁斯是美国ABC晚间新闻当红主播，他虽然连大学都没有毕业，但是却把事业作为他的教育课堂。最初他当了三年主播后，毅然决定辞去人人艳美的主播职位，决定到新闻第一线去磨炼，成为一线记者。

他在美国国内报道了许多不同路线的新闻,并且成为美国电视网第一个常驻中东的特派员。后来他搬到伦敦,成为欧洲地区的特派员。经过这些历练后,他又重新回到ABC主播台的位置。此时,他已由一个初出茅庐的年轻小伙子成长为一名成熟稳健又广受欢迎的主持人了。

学习是一辈子的事,不论是在人生的哪个阶段,学习的脚步都不能有所停歇,要把工作视为学习的殿堂。我们只有学习、学习、再学习,才能不断丰富自己,不断地提高自己的整体素质。要想在当今竞争激烈的商业环境中胜出,就必须学会从工作中吸取经验,探寻智慧的启发以及有助于提升效率的资讯。

2

如果我们有心,我们每个人都会有这样的体会:通过在工作中不断学习,可以避免因无知滋生出自满,损及自己的职业生涯。所以,不论是在职业生涯的哪个阶段, 学习的脚步都不能稍有停歇, 要把工作视为学习的殿堂。

尚未发迹前的本田宗一郎,曾在一家自行车修理厂做学徒工。他勤奋好学,很快就开了一家属于自己的自行车修理店。一晃八年过去了,他的自行车修理店越来越大,不过他并没有沉溺于享受,而是开始了新的学习。

为了提高自己的竞争力,本田宗一郎开始学习摩托车修理。与自行车相比,摩托车复杂了许多,但他并没有打退堂鼓,而是在业余时间不断钻研,不断提高自己的能力。

渐渐地,本田宗一郎感觉自己的技术有了明显提高,于是,他开着自己的改装车参加了摩托车大赛。他发现,自己的车是性能最好的,因此他理所当然地赢得了比赛。

这件事,给本田宗一郎带来了很深的感触。他自觉才疏学浅,便专程跑到汽车专科学校去做旁听生,只学知识,不要学位。从汽车专科学校学成之后,本田宗一郎成立了东海精机公司,后来改为本田技研株式会社,自任社长。

为了进一步学习,本田宗一郎将公司交给助手,自己到欧美进行考察,并不惜血本买下所有先进的摩托车,回日本后拆开细心研究。不到三年,本田技研株式会社生产的本田牌摩托车已超过了欧美的那些知名摩托车品牌,成为世界范围内最受消费者欢迎的摩托车品牌。

按说,本田宗一郎到了可以享受的时候,但是他还不满足,决定进军汽车行业。1936年,第一部本田汽车被制造了出来。其后,本田以赶超福特为目标,向世界一流汽车生产商学习先进技术,博采众家之长,推出了既省油又美观大方的新型汽车。

相比于高学历的人,本田宗一郎的起点可谓很低,他没上过一天大学,只是一名小修理工。但是,这并不代表着他不能超越那些条件优于他的人,因为他能够不间断地学习。从确定了目标的第一天开始,他就开始持之以恒地学习,先是摩托车,后是汽车,在全球范围内不断寻找学习对象,最终超越了强大的竞争对手,达到了人生的顶点。

3

学无止境,这句话我们在学生时代经常提及,步入社会后,你是否把这句话忘到九霄云外了呢?你要知道,你的知识储备会随着社会的发展和竞争的加剧而变得日渐单薄,如果不及时吸收新的技能和知识,你的"自备资源库"就可能常常处于入不敷出的状态,对于追求稳定生活的你,坐吃山空显然不是长久之计。

麦克和约翰是同一所医学院的学生,毕业时,麦克选择了一家大型公立医院,约翰则选择了一家社区医院。他们为自己的选择作出了充分的解释。麦克说:"公立医院专家教授多,接触的病人也多,在那里一定能得到很大的锻炼,有所成就。"约翰说:"公立医院人才济济,我们只不过是普通医学院的毕业生,去了还不是做些跑腿、打杂的工作,能有什么发展前途?社区医院福利待遇也不低,而且很看重我们这些刚毕业的学生,在那里才有前途。"

10年过去了,麦克成为州内专家,约翰到州府进修,正是跟随麦克学习!昔日同学,今朝师徒,令人尴尬。麦克请约翰出去吃饭,两人边吃边聊,约翰不解地问:"当年公立医院分去那么多学生,都是非常优异的人才,你成绩并不突出,究竟怎么取得今天成绩的?"

麦克想了想,拿起身边的茶水洒到桌子上说:"同样是一杯水,洒到桌子上很快就干了,而盛在杯子里就永远留有机会。我来到公立医院,一开始,确实像你说的,不受人重视,天天跟着专家教授做做记录,查查房。有些一起来的学生觉得做这些事没有用处,开始敷衍了事,可我不这样想,我认为天天跟专家教授在一起,即便再笨,耳濡目染也会受到影响,有进步。就这样,一天天,一年年过去了,我就取得了今天的成绩。"

约翰仔细听着,他若有所悟地说:"说得好,你从与你竞争的对手身上看到了成功的道路,学到了成功的秘笈啊。当年,你作出正确选择,工作之后,你从那些懒惰人身上看到了失败的影子,学习到了工作的方法,这比学习专业知识还要重要。而我,喜欢安逸的生活,惧怕竞争,更不懂得随时随地向他人学习,学习他人的优点,总结他人的弱点。说到底,这都是因为我不会学习啊。"

麦克听了,笑着说:"竞争不会结束,我们可以开始新一轮比赛。"

此后,约翰努力向麦克学习,包括医学知识,也包括不懈追求、勇于向竞争对手学习的精神,经过多年努力,他也成为当地有名的医生。

有追求的人都是幸福的,因为他知道明天的路该往哪里走。而在这条路上,每个人的走法也并不相同,关键是看你更在乎的是什么。如果发现自己迷惑了,失去方向了,那就静下心来看一看、想一想,该"充电"时就"充电",这是你往上走的"台阶"。

4

比尔·盖茨说过:"一个人如果善于学习与思考,他的前途就会一片光明。而一个良好的企业团队,每一个组织成员都是那种迫切要求进步、努力学习新知识的人。"

意大利著名演员萨尔维尼也曾经说:"最重要的是,要学习、学习、再学习。你一定要努力,否则,多有才华都会一事无成。"

很多人将自己的失败归咎于环境不好,认为自己没有获得好的机会和条件。在进行了这样一番自我安慰后,他们便获得了心理平衡,从而放弃了学习,放弃了对自我能力的提升,在得过且过中消磨着大好光阴。

我们应该明白,只有自己才能对人生负责。自己未来的生活会变成什么样子,很大程度上取决于我们在生活中的态度。

时代发展瞬息万变,知识进步日新月异,稍不留神,我们今天引以为豪的知识可能在明天就变得落伍了。假如我们因为眼下拥有了一点知识便沾沾自喜,放松了学习的脚步,那么很容易就会被身边的人超越。只有放下骄傲与自满,虚心好学,永远对知识充满渴望,才能让自己不断进步。

NBA球星迈克·詹姆斯就是这样一个不断提升自己的人。

在NBA，有许多叫詹姆斯的球员，但这个迈克·詹姆斯却绝对不简单。一方面，迈克·詹姆斯是NBA的一位不折不扣的"流浪球员"。从他2001年进入NBA，在此后的七个赛季中，詹姆斯一共换了八支球队。在活塞队期间，他为自己赢得了金光灿灿的总冠军戒指。另一方面，迈克·詹姆斯随时都在为自己充电。2001年7月20日，他以自由球员的身份和热火签约，此后便一直边战斗边成长。

2008年，还在火箭打后卫的迈克·詹姆斯出席在斯坦福大学举办的球员商机发展联合会，接受职业生涯规划的教育。迈克·詹姆斯曾在杜昆大学获得儿童心理学学士学位，他希望斯坦福大学的课程能帮助他日后成为一个商人。

很多优秀人物从不认为自己的学问已经够用。相反，他们几乎一致认为自己所知甚少，需要靠不断学习才能满足工作的需要。更可贵的是，他们不是把某些莫名其妙的知识装在脑袋里以炫耀才情，而是将知识随时应用于实践，并在实践中改进提升，形成自己的独特思想。所以，他们的事业也始终处于上升状态。

想要成功，仅仅凭借着先天条件是不够的，毕竟命运一开始给予我们的东西并不多，为了达到目的，我们必须自主地付出努力。这样你才有可能超越那些领先的人，才有可能在激烈的竞争当中脱颖而出，才能创造奇迹，远离一无所成、一无是处的窘境。

埋头苦干也要适时展现自己的羽毛

在竞争激烈的环境中，即使你很专业，如果你不善于表现自己，也很难出人头地。因此，你不仅要有自己的专长，而且要懂得适时地表现自己。

1

我们知道，在每年的春季，雄性孔雀为了赢得雌性的注意，都会张开色彩绚丽的尾羽，将自己最美丽的一面展现出来，这就是让我们叹为观止的"孔雀开屏"。孔雀开屏可谓是一种绝妙的自我推销方式，它在恰当的时机把自己最美的一面展现给了自己心仪的配偶，同时也赢得了世人的惊奇和赞叹。

孔雀开屏给我们的启示是：才能非凡并不见得就能脱颖而出，更何况很多人的才能还远远达不到让人眼前一亮的程度。因此，即使你是一个成就非凡的人，也要懂得表现自己，善于推销自己。

2

很多人的内在都有很多优势，但这种优势只有表现出来才能给自己加分。一个人如果不懂得包装自己，不懂得展示自己，那么你的才华很可能被埋没，成功的机会也注定会与你擦肩而过。毕竟，如果连我们自己都不知道展示自己的长处和优势，怎么能奢望别人去了解和认可我们呢？

善于自我展示的人，虽然有可能面临着失败和被人嘲讽的可能，但这正是人生走向成功的关键一步，历史上便有许许多多这样的奇人异士，他们通过自我推销而走上了成功的人生之路，毛遂自荐便是最出名的一个例子。

公元前258年，秦军包围了赵国的都城邯郸。赵王派平原君出使楚国，与楚联盟抗秦。

平原君准备带领二十名精明强干、文武兼备的门客跟随。他精心挑选了一番，只选出了十九名，再也选不出中意的人了。这时门客中有个叫毛遂的走上前来，向平原君自我推荐说："我听说您将要出使楚国，准备带家中门客二十人，现在还缺一人，希望您就把我当成其中的一员吧。"

平原君说："先生到我的门下几年了？"

毛遂说："已经三年了。"

平原君说："有才能的人处在世上，就像是一把锥子放在口袋里一样，那锋利的锥尖很快就会透出来。如今先生在我门下待了三年，可左右的人没有称颂你的，我赵胜也没有听说过你。这似乎说明你没有什么才能，先生还是留在家里吧。"

毛遂说："我只是今天才请求你把我装进口袋里去罢了。假如我这只锥子早一点进口袋里，早就脱颖而出了，难道仅仅只是露一点锋芒吗？"

平原君于是答应带毛遂与十九人同去楚国。

到了楚国，平原君和楚王在朝廷上谈论合纵抗秦大事，毛遂与其他十九人在台阶下等候。他们从早晨一直谈到中午竟毫无结果。其他门客对毛遂说："先生你上去谈一谈吧。"

毛遂于是拿着宝剑，沿着石阶，一步步走上去，对平原君说："合纵的利害关系明明白白，两句话就可以说完，可是今天太阳一出来就开始讨论，直到中午还没有结果，这是为什么呢？"

楚庄王问平原君："这人是干什么的？"平原君说："是我的门客。"楚王呵斥道："还不给我退下去，我正在同你的主人说话，你来干什么？"毛遂按剑而上说："大王竟敢如此呵斥我毛遂，凭借的是楚国人多吗？眼下，在十步之内，大王无法依仗人多势众，大王的性命就悬在我手中。我的主人在眼前，你呵斥我干什么呢？况且，我听说商汤凭方圆七十里的土地就可以在天下争王，周文王凭方圆百里的地盘，而使诸侯归附称臣，哪里是仅因为他们的兵多呢？现在楚国有方圆五千里的土地，拿着兵器的将士亦有百万，这是你称霸的极好资本，天下谁能抵挡呢？然而事实上楚国却连连受辱。白起，只不过是秦国的末将，仅率领几万人马，就敢起兵与楚作战。第一战就拿下了你的鄢郢，第二仗就烧毁了你的夷陵，第三仗污辱了大王的宗庙，这是世世代代的怨恨，连赵国也为之感到羞耻，但是大王却淡忘了这种刻骨仇恨。合纵之事，主要为的是楚国，而不是赵国啊！你还有什么拿不定主意呢？"楚王被说服了，当场表示："是的，的确像先生说的，为保全我楚国的江山社稷，我们参加抗秦。"毛遂问："大王决定了吗？"楚王说："决定了。"毛遂对左右的官员说："请把狗、鸡、马的血拿上来。"毛遂捧着盛血的铜盆跪着献给楚王，说："那就请大王和我的主人平原君歃血而盟吧。"就这样，楚赵联合抗秦的盟约就确定了。

毛遂凭借三寸不烂之舌最终说服了楚王，使赵国暂时避开了强秦的威胁，毛遂这个未放入袋的锥子也最终脱颖而出，成了平原君门下的重要门客。

毛遂自荐的故事历来为人们所熟知，这就说明了有才华的也要善于表达自己，试想一下，如果毛遂没有勇敢地站出来推销自己，历史还会记下他的名字吗？

3

任何一间办公室里,都可能会有这样一种现象存在:辛辛苦苦地加班工作,把所有繁重的事务性工作都揽起来的是一批人,而在年终的表彰大会上风光,加薪晋级的,往往又是另外一批人。

你可以把这种不公平归为上司的眼睛不亮,同事们邀功争宠,可你是否想过,自己的工作方式是不是已经出了问题?

蒋小涵在学校时是有名的才女,琴棋书画无所不通,口才与文采也无人可与之比肩。大学毕业后,在学校的极力推荐下去了一家小有名气的杂志社工作。谁知就是这样一个让学校都引以为自豪的人物,在杂志社工作不到半年就被炒了鱿鱼。

原来,在这个人才济济的杂志社内,每周都要召开一次例会,讨论下一期杂志的选题与内容。每次开会很多人都争先恐后地表达自己的观点和想法,只有她总是悄无声息地坐在那里一言不发。她原本有很多好的想法和创意,但是她有些顾虑,一是怕自己刚刚到这里便"妄开言论",被人认为是张扬,是锋芒毕露;二是怕自己的思路不合主编的口味,被人看作为幼稚。就这样,在沉默中她度过了一次又一次激烈的争辩。有一天,她突然发现,这里的人们都在力陈自己的观点,似乎已经把她遗忘在那里了。于是她开始考虑要扭转这种局面。但这一切为时已晚,没有人再愿意听她的声音了,在所有人的心中,她已经根深蒂固地成了一个没有实力的花瓶人物。最后,她终于因自己的过分沉默而失去了这份工作。

你是否也有类似的经验:有些同事在会议中总是非常踊跃地发表意见,滔滔不绝,似乎有备而来。事实却可能是:他对提案没有你熟悉,而且你手上准备的资料也比他更周全。但你从没有机会表达你的意见,结果主管不知道你的存在，更难了解你的专业程度。我们常说沉默是金，但也不要忘了，沉默同时也是埋没天才的沙土。

4

现在是一个讲究张扬自己个性的时代，尤其是身处职场的人们，在关键时刻恰当地张扬也就是"秀"（show）一下，不失为一个引起领导注意的好办法。

在某种特殊的场合下，沉默谦逊确实是一种"此时无声胜有声"的制胜利器，但无论如何你也不要将之当成金科玉律来信奉。在人才竞争中，你要将踏实肯干谦逊的美德和善于表现自己结合起来，才能更好地让别人赏识你。

有一个衣衫褴褛、满身补丁的男孩子，名叫胡尔达。他跑到建筑工地上，来到一个衣着光鲜、叼着雪茄的男人面前，诚恳地问道："先生，请问您能不能告诉我，我要怎样做，才能使自己长大以后变得像您一样有钱呢？"

这个衣着光鲜、叼着雪茄的男人就是工地的一个建筑商，他吐出一口烟雾，笑着回答道："小伙子，回去买一件红色的外套，在工作中拼命地干活儿。"看男孩子一脸困惑的样子，他又吐了一口烟，接着说道："你看到那边在脚手架上工作的那些人了吗？他们是不是看上去全都是一样的，分不清彼此？是的，我根本不可能把这些工人的名字全都记住，也记不住他们的样子。"

"但是，"他接着说，"能让一个老板记住的员工靠的就是他的工作。你仔细看那边，有一个穿红外套的工人，他的脸也晒得红红的。我格外注意到了他，因为他似乎总是比别人更卖力，做得更带劲。每天早上，他都比大家来得早那么一点，下工时，他似乎又总是走得晚一点。因为他的那件红外套，和他的工作表现,我一下就能认出他来。我准备找一个工地上负责的监工,由于他给我留下的这些印象,我已决定由他来担任,如果他表现出色,我还会把更重要的事情交给他做。如果他努力,他会成为一个有钱人。

"小伙子,其实这也是我发达起来的过程,我卖力工作,成为我周围所有人中最好的。如果我和大家一样穿白色衬衫,可能就没人注意到我了,所以我天天穿红色外套,同时加倍努力。不久老板就注意到了我,让我当他的副手。后来我努力存钱,自己成为老板。"

胡尔达听从了这个老板的意见,在自己找的新工作中,他力求突出表现,与众不同的外观加上他的努力,公司经理很快开始注意到他,没有多久胡尔达就被升了职,几年后,胡尔达如愿以偿地当上了管理者。

是金子就让它的光芒闪耀出来,并把自己的光芒让每个人都看见,让自己的闪光点发扬光大,这样你便会很快脱颖而出。可见每个人都是人才,关键在于如何表现自己。有能力的人未必就能成功,更重要的还是要会抓住重点,适当表现,这才能成就王者风范。

第三章 坐等救命的直升机，不如给自己的运气来场策划

　　机遇是个很奇妙的东西，虽说无处不在，但有时的确不容易被人发现。粗心的人往往与它擦肩而过，而细心的人却能从平凡的现象中发现端倪，从而让机遇显现。

那些藏匿于角落里的机会你可看到

命运所青睐的人都是懂得把握机会的人，这些人都对机会有着超强的观察能力，他们看到机会之后,哪怕这个机会很小,他们也会努力去把握。

1

人生漫漫,机遇常有,但决定我们命运的不是我们的机遇,而是我们对机遇的看法。机遇悄然而降,稍纵即逝。因此,你若稍不留心,她就将翩然而去,不管你怎样地扼腕叹息,她却从此杳无音讯,一去不复返。

因此,有些人认为,一些人之所以不能成功,并不是因为没有机遇,并不是幸运之神从不照顾他们,而是因为他们太大意了,他们的大意使他们的眼睛混浊而呆板,因而机遇一次次地从他们眼前溜走而自己却浑然不觉。对于这些人来说,他们要想取得成功,要想捕捉到成功的机遇就必须擦亮自己的双眼,使自己的双眼不要蒙上任何灰尘。这样,他们才能够在机遇到来的时候伸出自己的双手,从而捕捉到成功的机遇。

而那些能够取得成功的人并不是有幸运之神偏爱他们，幸运之神对谁都一视同仁,幸运之神不会偏爱任何一个人。成功的人之所以能每每抓住成功的机遇,完全是由于他们在生活中处处都很留心,他们具有一双捕捉机遇的慧眼,当机遇来临的时候,他们就能迅速作出反应,从而把机遇牢牢地抓在自己的手中。

美国玩具开发商布·希耐一次到郊外去散步,看到几个孩子在玩一种又丑又脏的昆虫,且玩得津津有味,爱不释手,他立即联想到儿童玩具市场上所销售和设计的,全都是造型优美、色彩鲜艳的玩具,为什么不给孩子们设计一些丑陋的玩具来满足孩子们的好奇心呢? 想到这里,他立即安排研制生产这种玩具,产品推向市场后,果然反响强烈,供不应求,收益颇丰。从此,丑陋玩具在市场上的销售经久不衰。

其实世界上很多事情就是这样,如果肯动脑子,任何一件看似平常的事都有其可开发之处,而且很多的智慧和发现都来自一些平常的小事,只是你没有发现罢了。那么怎样培养一种能从平常事物中发现不平常的能力呢? 那就是要有一种善于思考的态度,只要勤于思考,仔细观察,就不会让本可以得到的机遇遛走。

2

曾经有一位美国的老人在看报纸的时候,发现《纽约时报》上刊登着这样一则消息:某某海滨城市正在出售一栋豪华的别墅,这栋别墅靠近海边,有花园草地,还有一个小型的游泳池,而售价只是一美元。

一美元? 这位老人感觉很奇怪,同时也感觉很荒唐。他想这肯定是广告商们在耍什么花招,于是老人对这件事情嗤之以鼻。他想:现在的商人为了赚钱,真的什么都做得出来。

但是在接下来的日子里,这位老人一直都能够看到这则消息。在一个月之后,这位老人有点沉不住气了,于是他就想,说不定天底下真的有这样的好事,而且这个海滨城市离自己的住处也不远,不如找个时间去看看。

于是第二天,这位老人作了一点准备之后就出发去这个海滨城市了。老人按照广告上的指示,很快就找到了这栋别墅,这栋别墅的确非常气派。老人此时又有些动摇了,难道这么高档的别墅真的就卖一美元吗?但是想想自己已经来了,所以也就准备进去看看。

老人按响了门铃,过了一会儿一个老太太出来了,然后请他进去。老人就开门见山地问这栋别墅是怎么卖的。老太太则笑笑说:"当然是一美元啊。"老人非常高兴,于是就准备掏钱,但是被老太太拦住了。老人刚想指责这个老太太不守信用,却看到老太太指着一个正在写东西的人说:"先生,他比你早来了一个小时,他已经在签订合同了。"

老人仔细看了看对方,原来是一个衣衫褴褛的流浪汉,老人非常不解地问:"难道他真的花了一美元买下了这栋别墅?"老太太点了点头。老人还是不相信,于是就问道:"难道没有什么其他的附加条件吗?"老太太摇了摇头。此时老人心里非常遗憾,但还是不敢相信天底下真的有这样的好事。

后来,老人才知道这位老太太的丈夫在离开人世的时候立下了一个遗嘱,要将变卖这栋别墅的钱全部送给他的情妇,所以老太太在盛怒之下决定以一美元的价格将这栋别墅卖出去。但是这则消息在刊出之后一直没有人相信,很多人都认为这不是真的,只有这个流浪汉相信了,并且获得了这栋别墅。

机会就像是一个飞翔的天使,她从一个窗口飞进来的时候,很容易从其他的窗口再飞出去,如果我们不懂得珍惜和把握,那么我们很快就会后悔。

3

机遇的存在是客观的,它并不会因为人的喜恶而改变。不管你是什么人,只要你发现了它,并能够驾驭它,它总会带给你不错的回报。然而,能看到机遇的人毕竟是少数,这就是机遇可贵的原因了。其实,机遇并不是那么难测,它的奥秘也不像许多人想象的那么神秘、深远。

美国著名的家具经销商尼·科尔斯,一次家中突然失火,大火几乎烧光了他家里的一切,只有些粗壮的松木,外面烧焦,而内芯得以残存。如果是一般人,他们可能在极度的痛苦中将这些废料扔掉完事,但尼·克尔斯却从这些焦木中发现了商机:因为那焦木的旧纹理和特殊的质感使他产生了灵感,他决定要制造以突出表现木纹为特点的仿古家具。

他用碎玻璃片刮去废木上的沉灰,再用细砂纸打磨光滑,再涂上一层清漆,便使废木显出了古朴、典雅、庄重的光泽和清晰的木纹。就这样,他制造的仿古典木质家具独领潮流,从此生意兴隆。

有人赞叹尼·科尔斯因祸得福,其实不然,他是因为能从一件简单的事物中观察和发现,奇迹才到来了。

4

日爱公司是一家很大的公司,公司为了扩大规模打算招收一名素质过硬的职业经理人和十多名普通员工。在通过初试、笔试等考试后,有15名应聘者晋级,这些应聘者都是拥有博士、硕士等学位的高材生。可是经理的位子只有一个,该如何选择呢?公司决定增加一次考试。

当第二天进行面试时,考官发现多了一位考生,于是问道:"你们当中有谁不是来参加面试的?"

"我是。您好!先生,我在第一次面试的时候就落选了,但是我想参加所有的面试。"一个年轻小伙子说道。

"小伙子,你已经被淘汰了,参加考试对于你来说根本就没有任何用处。"考官说道。

"我不这么认为,因为我掌握了别人没有的财富。我有信心在这一次面试当中脱颖而出。"年轻小伙子不卑不亢地说道。

"那你有什么样的财富呢?"

"我的经验和我自己本人。"年轻人回答道。

听到年轻人的回答,下面的15名面试者都笑了起来。

"你能把你的理由告诉我吗?"主考官问。

"完全可以,虽然我只有高中学历,但是我有近10年的工作经验,我曾经在8家公司工作过,在3家公司任过部门主管。这10年的工作经验不是任何学历可以替代的,虽然我的学历不高,但是我在工作方面可以胜过他们许多人。"年轻人说。

"你的学历根本不符合我们招聘的要求,但是你接近10年的工作经验却是一笔不小的财富,可是你跳槽了8次,你认为是一种令人欣赏的行为吗?在我个人看来,你的跳槽也许是个人的能力问题吧!"主考官说道。

"我并没有跳槽,我曾经工作的8家公司都倒闭了。"年轻人的回答又一次得到了大家的笑声。

考官也含着有笑意的脸说道:"你所在的8家公司都倒闭了,那你对自己的能力没有怀疑吗?而且我也开始怀疑你近10年的工作,有没有学到有用的经验。"

"不,在这些年的工作中,我学到了很多有用的经验,就以这8家倒闭的公司来说,它们倒闭的原因我都知道,并且知道如何避免这些原因,也正因为这些公司的倒闭才使我积累了更多的经验财富。我非常了解我所工作过的8家公司,我与我的同事们都很努力地挽救过,但是我们没有成功。虽然我的学历低,但是我用了10年的时间来学习工作中的各种经验,这些年中,我培养了对人、对事、对未来的敏锐洞察力。"年轻人说。

"你似乎过于自信了,知道吗?年轻人,我们需要的经理人,不仅仅要有高学历,还需要是一个高素质、全方面的知识人才。你认为你都具备了这些条件了吗?"主考官说道。

"主考官先生,你所说的这些,我认为自己已经具备了,我对自己很有信心,就以现在来说吧,我认为你根本就不是真正决定谁担任经理人位置的人,也并不是真正的主考官。我说得对吗?"年轻人说。

这时,不止考官一脸惊讶,所有的参试者都一脸惊讶。很快考官又问道。"你有什么证据说我不是老板和真正的主考官呢!"

年轻人继续说道:"真正的老板和主考官,应该是给大家倒水和打扫卫生的那个老人吧!我是从他的举动、眼神、气度方面察觉到的,当我刚才说到主考官和老板并不是你时,他的举动更让我肯定我的看法。我说过,我是一个非常注意细节的人,我从来不会放过任何一个小的细节。"年轻人说完这段话,就向大门的方向走去。当他快要走出大门时,老人说话了:"好!你就是我们所需要的职业经理人,你被聘用了。"

几年后,年轻人已经坐上了总公司副总经理的位子,也成了公司的一位董事。

捕捉机遇一定要处处留心,独具慧眼。其实只要你仔细留心身边的每一件小事,这每一件小事当中都可能蕴藏着相当的机会,成功的人绝不会放过每一件小事。他们对什么事情都极其敏感,能够从许多平凡的生活事件中发现很多成功的机遇。

万分之一的机会就是好运气

一个具有敏锐的洞察力的人,他总是会留意身边的事情,哪怕是一些小事,也不愿意放过。他们往往能够通过这样的小事,看到其中不凡之处,通过进一步的思考,取得一些成功,享受一些意外的幸福。

1

机遇就像一个精灵,它来无影去无踪,令人难以捉摸。在实践活动中,如果你能在时机来临之前就识别它,在它溜走之前就采取行动,那么,你就能抓住那数不清的财富。

每个人都渴望抓住机遇,因为在某种意义上,机遇就是一种巨大的财富,它对改变人生面貌具有巨大作用。很多的成功人士无不例外地,都是机遇成就了他们的事业,机遇带给了他们无尽的财富。但是机遇却又稍纵即逝,极不容易把握,有时也许只存在万分之一的可能,但是毕竟它存在着。只要有锲而不舍的毅力去争取,就一定能有所收获,有所建树。

在人生中,如果你能够做到"超前决策",能在时机来临之前就识别它,在它溜走之前就采取行动,那么就能够抢占先机,赢得幸运女神的青睐。

在能够把握机遇并且充分利用机遇的人那里,机遇时刻都存在着,善用机遇就像有经验的船夫利用风一样,两者之间似乎有一种默契;而在对机遇毫无知觉，也不会很好地利用的人那里，即便机遇来到眼前，他也不能及时地抓住，而是常常让机会白白失去。

2

社会是一条河，人生就像流水，社会千变万化，人生也有各式各样的际遇。有的人在同一个地方打转，有的人则乘着急流奔腾前进。一个有胆有识、有自信心的人，必须勇敢地挺身而出，顺着急流去寻找发迹的机会。

19世纪中叶，美国人在加利福尼亚州发现了金矿，这个消息就像长了翅膀，很快就吸引了很多的美国人。在通往加利福尼亚州的每一条路上，每天都挤满了去淘金的人。他们风餐露宿，日夜兼程，恨不得马上就赶到那个令人魂牵梦萦的地方。

在这些做着美梦的人流中，有一个叫菲利普·亚默尔的年轻人，他当年才17岁，是一个毫不起眼的穷人。

到了加利福尼亚州之后，他的"黄金梦"很快就破灭了：各地涌来的人太多了。茫茫大荒原上挤满了采金的人，吃饭、喝水都成了大问题，刚开始的时候，亚默尔也跟其他人一样，整天在烈日下拼命地埋头苦干，一天都是口干舌燥的。

亚默尔很快就意识到，在这里，水和黄金一样贵重。他曾经不止一次地听到人说："谁给我一碗凉水，我就给他一块金币！"可是很多人都被金灿灿的黄金迷住了，没有人想到去找水。

亚默尔想到了，他很快就下了决心，不再淘金了，弄水来卖给这些淘金的人，赚淘金者的钱。卖水其实很简单，挖一条水沟，把河里的水引到水池里，然后用细沙过滤，就可以得到清凉可口的水了。他把这些水分装在瓶里，运到工地上去卖给那些口干舌燥的人。那些人一看到水，就像苍蝇发现血迹,一下子就拥了过来,纷纷慷慨解囊,拿出自己的辛苦钱来买亚默尔的水解渴。

看到亚默尔的举动,很多淘金者都感到很可笑:这傻小子,千里迢迢跑到这里来,不去挖金子,而干这种小生意,没出息!

这本身就是一个大胆的决策,亚默尔自然不会被这些话吓回去,依然我行我素,天天坚持不懈,一直在工地上卖水。

经过一段时间,很多淘金者的热情减退了,本钱用完了,血本无归,两手空空地离开了加利福尼亚。亚默尔的顾客越来越少,他也应该走人了。

这时,他已经净赚了6000美元,在那个年代,拥有这些金钱他已经算是一个小小的富翁了。

人欲成大事应该重视那万分之一的机会,哪怕是一些微不足道的事情,你也要引起重视。因为你抓住了它,将有可能给你带来意想不到的成功。美国麦当劳集团创始人克罗克就曾说:"如果你对某种事物深信不疑,你就必然会到达成功的领地。冒着理性抉择的危险,正是挑战的真正精神所在,而且这也是相当值得回味的。"

3

要想抓住机遇,就必须具有识别机遇的眼光。我们处在一个充满机遇的世界,随时都有好机会出现在我们面前。但是,我们能不能认出它是一个好机会,则是关键。

有一次,约翰·甘布士要坐火车去纽约,但事先没有订好票,这时恰逢圣诞前夕,赶到纽约去度假的人非常多,车票早已售完了。甘布士看到这副情景并不泄气,仍旧提着行李,赶到车站里去,目的是等待有人退票。

第三章
坐等救命的直升机，不如给自己的运气来场策划

有没有人退票，他并没有把握，但心里存着一线希望。甘布士在车站售票处等了很久，不见有人来退票，尽管乘客们已经开始陆续上车了，但甘布士仍没有离开那里。

到了距开车时间仅剩五分钟，一个女人匆匆忙忙地赶到售票处，因为她的女儿突然发病，她不能乘这班列车。甘布士终于如愿以偿地到了纽约。

他抵达纽约之后，高兴地打电话给妻子，对她说："亲爱的，我抓住那只有万分之一的机会了，因为，我相信一个不怕希望落空的人，才能实现自己的目的。"

不久，达维尔面临前所未有的经济萧条，不少工厂和商店纷纷倒闭，被迫削价抛售自己堆积如山的存货，价钱低到一美元可以买到一百双袜子。那时，甘布士还只是一家织造厂的小技师，当他看清市场现状后，便决定将自己积蓄的钱用来收购低价货物。大部分人都嘲笑说，他这样做是愚蠢的行为，一定会吃亏的。

甘布士并不理会别人的冷嘲热讽，照样收购抛向市场的货物。这些贱价的货物收购得太多了，他就租了一个很大的货仓，把这些物品贮积起来。

又过了十多天，那些工厂连削价抛售都找不到买主，便把所有的存货搬出来用火烧毁，借此稳定市场的物价。

他的妻子看到别人在烧毁货物，心里焦急起来，忍不住抱怨丈夫不该这样浪费钱财。

甘布士对妻子的抱怨保持沉默。

不久，美国政府为了抢救不景气的市场，终于采取了紧急行动，很快就稳定了达维尔地方的物价，随后采取各种措施，援助当地的厂商复业。

这时，由于达维尔地方焚烧的货物过多，存货几乎殆尽，物价一天天飞涨。甘布士意识到自己发财的机会到了，立即把库存的大量货物抛售出去，这使他赚了一大笔钱，也使市场物价得到了稳定。

就在他大量抛售货物时，他的妻子又来劝告他，不要这样急着把货物卖

出去,因为市场物价还在上涨。他对妻子说:"该是抛售的时候了,再拖延一段时间,我们就要少赚很多钱了。"

果然,甘布士的存货刚刚售完,物价就跌了下来。从此,妻子对他的胆识和驾驭机会的能力信服不已。

甘布士决定不再去织造厂做技师了,而是立志在商海中创业,迎浪搏击,实现自己有价值的人生。

他用这一大笔赚来的钱,开设了五家百货商店。由于他有胆有识,知道审时度势,加上经营得法,生意越做越兴旺。

甘布士终成大业,一跃成为当时全美国举足轻重的商业巨子。

后来,他在一封"写给青年的公开信"中这样写道:"亲爱的朋友,我认为你们应该重视那万分之一的机会,因为你抓住了它,将有可能给你带来意想不到的成功。有人会说,这种做法是愚蠢人的行为,比买奖券的希望还渺茫。但是,我认为这种观点有失偏颇,因为,奖券是由别人操持的,你丝毫没有主观努力的条件;但这万分之一的机会,却完全是靠你自己的主观努力去完成。"

社会上任何一种潮流或趋势,都不是一朝一夕才发生的,人们若能准确地预测到未来,就能有方法去按照未来的市场需求,作好准备工作。甘布士的好运,就是最好的例证。成大事的人应具备的素质是多方面的,尤其要具备在别人所忽视的小事情中发现机遇的能力。倘使你拥有了这些必备的素质,你就开始行动吧,总有一天,你也可以像甘布士一样,成就大业。

救命的直升机是等不来的

机会绝非上苍的恩赐,优秀的人不会坐等机会的到来,而是主动创造机会。一个成功人士,绝不是一个逍遥自在、没有任何压力的观光客,而是一个积极投入的参与者。善于创造机会,并张开双臂拥抱机会的人,是最有希望与成功为伍的。

1

机遇是什么?所谓机遇,就是一种有利的环境因素,它能让有限的资源发挥出无穷的作用,借此创造更有效的利益。机遇对于每个人都是平等的,但有些人善于发现,于是赢得了机会,有些人却不屑一顾,也就错过了机会。

有人曾做过这样的比喻:抓机遇好比老鹰捕兔子,一不留神稍纵即逝。要捕捉到狡猾的兔子,老鹰必须做到稳、准、狠。机遇就好像是兔子,它是动态的,绝不是静止的,绝对不会停在原地等待谁。老鹰在天上盘旋,只能说是"机",老鹰捕捉到兔子那一刹那才是"遇"。

当把"梦想"这个词和机遇相连时,线的那一端不该只是虚幻和期冀,而应该是计划和付出。不要轻易将你的梦想尘封,让它和你一起慢慢变老变虚弱。无法预计未来,但可以抓住机遇创造未来。

不给自己的梦想一个实践的机遇,你就永远没有成功的机会。不给自己的梦想寻找机遇,那它就永远只是存在于你头脑中的空想。没有机遇,是很多弱者最好的辩词;不是没有机遇,而是他们让到手的机遇白白溜走了,或者向梦想和现实之间的差距妥协了。截然不同的是,强者会作好一切万全的准备制造机遇,这使得他们成为最受机遇垂青的人。

就像成功学大师卡耐基所说:"没有机会,这就是失败者的推诿,许多奋斗者的成功,都是用他们自己的能力去创造机会。"

纵观世界上能成就大事的人,往往不是那些幸运的宠儿,反而都是那些没有机会的苦孩子,如富尔顿、华特耐、贝尔,但是他们却创造了属于自己的机会,成就了自己。要是你只在等待机会,等待人家的提拔,等待别人的帮助,你一生将永远无所作为。

上天只会给你提供契机,就像赠送给很多人的那样。许多人都见过苹果落地,都看到过沸水顶开壶盖,但是只有牛顿发现了万有引力,只有瓦特发明了蒸汽机。善于抓住机遇的人能够成功,善于创造机会的人必定成功。

2

世界上最小的门是机会之门,只要你关闭,拒绝接受,就是连一根针也插不进去;世界上最大的门也是机会之门,只要你打开,它可以创造无数奇迹。其实,一个人的生活中,每时每刻都存在机会。

欧洲某山谷里有一个老牧师,40多年勤勤恳恳地按照上帝的旨意给教区的人施行洗礼,举办葬礼和婚礼,抚慰病人和孤寡老人,可以称得上是一个非常称职的上帝使臣。

这年,天降暴雨。倾盆大雨连续下了20多天,水位高涨,淹了教堂。老牧师不得不爬上教堂的屋顶。当他在教堂屋顶冻得浑身发抖的时候,突然有个人划船过来,对他喊道:"快上来,我把你带到高地去。"

牧师看了看他,回答道:"40年来,我一直忠诚地按照上帝的旨意做事,我相信上帝会来救我的!"

那人听后摇摇头便划着船离开了。水位涨得更高。一架直升机来了,飞行员对他喊道:"我们可以把你带到安全地带!"但老牧师仍然坚持要等待上帝的救助,不肯上飞机,机组人员劝了牧师很久也没办法,只好开着直升机离去了,几个小时之后,老牧师被水冲走,淹死了。

老牧师的灵魂在天堂遇到了上帝,上帝惊讶地看着他,说:"可爱的神父!你在人间的工作还没有完结,怎么到这里来了!"老神父很不高兴地凝视着上帝,说:"40年来,我忠诚地遵照你的旨意做事,而当我最需要你的时候,你却让我淹死。"

上帝望着他,迷惑不解地说:"你是被淹死的?我不相信,我明明给你派去了一条船和一架直升机呀!"

有很多的人在苦苦等待机会降临在自己的身上。殊不知,一味地等待机会的降临是一种多么无知而可笑的想法。我们千万不要以为机会像是一个到家里来的客人,它会在我们的家门口敲门,等待我们去开门把它迎接进来。如果仅凭这种乞求和等待,那么我们将永远也没有机会,永远也不可能成功。

3

成功者从来不会坐在家里等待机遇的光顾。他们会走出去,在行动中寻找机会。虽然他们并不是每一次都能如愿以偿,但是,他们尝试的次数要远远多于那些做事犹犹豫豫的人,他们取得成功的概率自然也大得多。

弗里德里克出生于美国旧金山的一个中产阶级家庭,少年时期便梦想成为一个成功的商人,由于没有什么太好的机遇,他的心中也时常焦躁不安。

在一个很偶然的机会里,他发现,常常被人们废弃的冰块的用途实际上是非常广泛的。而它的主要用途,也就是最普遍、最大众化的用途就是食用。而且,冰块加入水中,或者化为水,就可以成为冷饮。他立即想到在气候炎热的地方,这种饮料一定会有广阔的市场。

弗里德里克由此看到了一个潜在的商机。但是,他发现现在自己的当务之急是改变人们的饮用习惯,用冷饮取代人们习以为常的热饮,创造一种冷饮流行的市场局面才可能使冰块销售业务有长足进展。

于是,弗里德里克开始不断地实验创造消费。他试着利用冰块做各种各样的冷饮,并将冰块加入各种酒中勾兑出各种口味的鸡尾酒。经过多次试验,他终于试制出适合多数人饮用的冷饮。

实验成功之后,他开始思索怎样才能让冷饮成为一种时尚,成为一种人们趋之若鹜的消费倾向,而不靠自己挨家挨户地去劝说顾客。

渐渐地,他观察到人们一般情况下只是在酒店或者热饮店里喝饮料或酒。到了夏天天气炎热的时候,这些酒店生意都不太好,店主也为之烦恼不已。于是,他决定从酒店入手,传播自己创造的时尚。

开始时,他免费给一些小酒店提供冰块,并且教会他们用冰块去做各种冰镇饮品及勾兑各种鸡尾酒;因为这些冷饮在炎热天气下有解暑降温的作用,经冰镇过的各种液体又会变得十分可口,这些饮品便立即在各个地方,尤其是那些气温高而又缺水的地区率先风靡起来。

于是,许多店主开始纷纷仿效他的做法,大量购买冰块制作冷饮。

弗里德里克也不失时机地自己经营了一家冷饮店,专营冷饮。一时间,冷饮蔚然成风,人们渐渐改变了以往只喝热饮的饮食习惯,学会了在热天里饮用冷饮止渴。于是,冷饮开始在全国各地广泛地流行起来,成为一种新型的健康时尚。

冷饮的风行大大地带动了冰块的销售,一切都如弗里德里克所预料的那样,冰块的销售业务得到了巨大的发展,弗里德里克的一番努力终于使冰块的市场得到第一次充分发掘,他的心态开始稳定下来,事业也逐渐从起始的艰难中走出来,开始慢慢向成功的高峰挺进。

强者与弱者之间最大的区别便是,前者主动地创造机会,而后者则等待机会的降临。成功是为有准备者拥有的,想实现自己的目标,就要创造一切条件,最后定会水到渠成。

4

你一生中能获得特殊机会的可能性还不到百万分之一;然而,一般的机会却常常出现在你面前,你可以把握住机会,将它变为有利的条件。

你需要做的事情只有一件:行动起来。软弱的人和犹豫不决的人总是借口说没有机会,他们总是喊:机会!请给我机会!其实,每个人生活中不是没有机会。

如果你看了林肯的传记,了解了他幼年时代的境遇和他后来的成就,会有何感想呢?他住在一所极其简陋的茅舍里,既没有窗户,也没有地板;以我们今天的观点来看,他仿佛生活在荒郊野外,距离学校非常遥远,既没有报纸书籍可以阅读,更缺乏生活上的一切必需品。就是在这种情况下,他一天要跑二三十里路,到简陋不堪的学校里去上课;为了自己的进修,要奔跑一二百里路,去借几册书籍,而晚上又靠着燃烧木柴发出的微弱火光阅读。林肯只受过一年的学校教育,处于艰苦卓绝的环境中,竟能努力奋斗,一跃而成为美国历史上最伟大的总统之一。

伟大的成功和业绩,永远属于那些富有奋斗精神的人们,而不是那些一味等待机会的人们。应该牢记,良好的机会完全在于自己的创造。如果以为个人发展的机会在别的地方,在别人身上,那么一定会遭到失败。

在这个世界上生存本身就意味着上帝赋予了你奋斗进取的特权，你要利用这个机会，充分施展自己的才华，去追求成功，那么这个机会所能给予你的东西要远远大于它本身。

他人的抱怨就是上帝给你的机会

机遇对每一个人都是公平的、平等的，根本不存在厚此薄彼的问题，就好比阳光、雨露会播撒到地球上的每一寸土地一样。因此，问题的关键是，一个人面对机遇究竟能不能真正地把握住。

1

机遇无处不在，每一个机遇都是一笔财富。关键在于我们能不能用自己的慧眼去发现它，抓住它。即使在普通的工作中也有很好的机会，就看你能否把它转化成财富。

机会不容易抓住，就像烈马不容易驯服一样。有时候，一个你梦寐以求的机会出现在眼前时，你看见并感觉到了它，甚至伸手抓住了它。但是，它强烈地挣扎着，似要脱手而去，让你感到力不从心，让你想放弃。这时候，请用尽你的全力，抓牢它，在它挣脱之前，切勿自行松手，因为这极可能到了一个能大大提升你的关键，而且机不可失时不再来。

当机会擦身而过时，大多数人只是叹一声气，看着它远离自己而去，却没有想到,如果紧追一步,也许能抓住这快要失去的好运气呢!

一次偶然的机会,江南春在等电梯的时候,听到有人抱怨电梯太慢,等电梯人随意的一句话,让苦苦寻找灵感的江南春如梦初醒。于是,江南春确定了自己的赚钱模式——把液晶电视装在电梯口播放广告,然后收取广告费。由此,分众传媒有了快速的发展。很多人把抱怨当成影响心情的负能量,而有心人则在抱怨中找到了成功的敲门砖。

这个世界机会太多。你看每天人们抱怨的事情那么多,这些都是机会。你加入抱怨就永远都没有机会成功,但如果你将别人的抱怨、投诉、不靠谱的地方变成你的机会,那么你就会轻而易举地登上成功者的舞台。

2

捕捉机遇一定要处处留心,独具慧眼。其实只要你仔细留心身边的每一件小事,这每一件小事当中都可能蕴藏着相当的机会,成功的人绝不会放过每一件小事。他们对什么事情都极其敏感,能够从许多平凡的生活事件中发现很多成功的机遇。

人们也许根本不会想到,风靡全世界,曾影响几代人生活的牛仔裤竟是一个名叫李维·施特劳斯的小商贩发明的,他制造的第一条牛仔裤竟然是美国西部淘金工人的工装裤。

19世纪50年代,李维·施特劳斯和千千万万年轻人一同经历了美国历史上那次震撼人心的西部移民运动。这场运动不是由政府发动,而是源于一则令人惊喜的消息:美国西部发现了金矿。

消息一经传出,在美国立即刮起一股向西部移民的旋风。满怀发财梦的人们,携家带口纷纷拥向通往金矿的路途,拥向那曾经是荒凉一片,人迹罕至的不毛之地。

于是,在通往旧金山的道路上,高篷马车首尾相接,滚滚人流络绎不绝,景象分外壮观。李维·施特劳斯同样也经不起黄金的诱惑,毅然放弃他早已厌倦的文职工作,加入到汹涌的淘金大潮中。一到旧金山,李维·施特劳斯立刻被眼前的景象惊呆了:

一望无际的帐篷,多如蚁群的淘金者……他的发财梦顿时被惊醒了一半。

难道要像他们一样忙忙碌碌而无所收获吗?

不能!李维·施特劳斯坚定地说道,他要说服自己不要知难而退,而要留下来干一番事业。也许是犹太人血统里天生的经商天分在李维·施特劳斯的身上起了作用,他决定放弃从沙土里淘金,而是从淘金工人身上"淘金"。

主意已定,李维·施特劳斯用完身上所有的钱物,开办了一家专门针对淘金工人销售日用百货的小商店。李维·施特劳斯这一独具慧眼的决定,为他今后发财致富奠定了良好基础。

小商店开业以后,生意十分兴旺,日用百货的销售量很大。李维·施特劳斯整日忙着进货和销货,十分辛苦,但利润也十分丰厚。渐渐地李维·施特劳斯有了一笔积蓄,在同行小商贩中,他因吃苦耐劳和善于经营而有了小名气,商店的生意越做越好。为了获取更大的利润,李维·施特劳斯开始频繁外出拓展业务。

一天,他看见淘金者用来搭帐篷和马车篷的帆布很畅销,于是乘船购置了一大批帆布准备运回淘金工地出售。在船上,许多人都认识他,他捎带的小商品还没运下船就被抢购一空,但帆布却丝毫没有人问津。

船到码头,卸下货物之后,李维·施特劳斯就开始高声叫喊推销他的帆布。他看见一名淘金工人迎面走来,并注意看他的帆布,于是赶紧迎上去拉住他,热情地询问:"您是不是要买一些帆布搭帐篷?"

淘金工人摇摇头说:"我不需要再建一个帐篷。"

他看着李维·施特劳斯失望的表情,接着又说:"您为什么不带些裤子来呢？"

"裤子？为什么要带裤子来？"李维·施特劳斯惊奇地问道。

"不禁穿的裤子对挖金矿的人一钱不值。"这位金矿工人继续说道，"现在矿工们所穿的裤子都是棉布做的，穿不了几天很快就磨破了。"他话锋一转又说道："如果用这些帆布来做裤子，既结实又耐磨，说不定会大受欢迎。"

乍一听到这番话，李维·施特劳斯以为他是在开玩笑，但转念仔细一想，确实很有道理，何不试一试呢？

于是，李维·施特劳斯便领着这位淘金工人来到裁缝店，用帆布为他做了一条样式很别致的工装裤。这位矿工穿上结实的帆布工装裤高兴万分，他逢人就讲他的这条李维氏裤子。消息传开后，人们纷纷前来询问，李维·施特劳斯当机立断，把剩余的帐篷布全部做成工装裤，结果很快就被抢购一空。

1850年，世界上第一条牛仔裤就这样在李维·施特劳斯手中诞生了，它很快风靡起来，同时也为李维·施特劳斯带来了巨大的财富。

"抱怨，能给人带来轻松和快感，犹如乘舟顺流而下，那是因为我们这是在顺应自己负面思考的天性；然而停止抱怨，改用积极的态度去欣赏事物美好光明的一面，却需要很大的意志力。"抱怨是人人都会做的事情，而停止抱怨，从抱怨中寻找机会成功，却是成功者的秘密。

3

没错，机遇有时是一种偶然现象，但偶然的背后隐藏着它的必然性，这是机遇产生的原因。

唯物辩证法告诉我们，偶然性和必然性就像一对矛盾体，它们是相互联系、相互渗透、相互作用的。在人的一生中,我们总会碰到很多偶然性的机遇,但是,假如当时没有对周围的事情感兴趣,没有悉心地观察、持久地思索,那么,即使机遇降临了,你也不会知道,更不可能抓住机遇,所以,要培养自己的观察力,时刻都要留意你周围的事物,哪怕是不起眼的小事,也要仔细观察,深入思考。

就像风平浪静掩饰不住海底汹涌的暗流一样,在平平淡淡的生活中,到处都蕴藏着无限的商机,聪明的人知道,平淡并不是一部无聊的肥皂剧,相反,它是一幕传奇的开始。只要你用心就会揭开它神秘的面纱,机遇就像郁积已久的火山,需要苦心经营作为压力才能喷薄而出。任何看似偶然、随意的发现,其实往往都伴随着巨大心血的付出。

4

法布利奥是纽约城里的一个摄影师,经营摄影生意已有十几年,而且在这一行中已小有名气,但却不知为什么,他突然改行开起美容沙龙来了。就利润而言,如果经营得法,摄影生意并不会比美容赚钱少,而且,就发展前途来看,摄影是属于艺术创作范畴,很受上流社会人士的喜爱,要是真的深入钻研下去,很可能扬名国际艺术界。而做美容生意,整天为女人做头发、化妆,似乎不会有什么大出息,尤其在人力昂贵的美国,想要做这一行赚大钱也困难。

然而,法布利奥竟然舍弃了十几年的老行当,加入到竞争激烈的美容业里来打天下,这种选择的确令人有些费解。虽然他现在住在纽约地区,而那里已经成为女人美容创新的领先地区,但仍有很多人在质疑他为什么要改行。原来是他听到了一个信息,而且他认为这个信息非常有价值,值得自己舍弃老本行而去进攻竞争激烈的美容行业。

有一天晚上,他翻来覆去睡不着,于是便起身穿好睡袍,信步走到阳台上。他住在自己的照相馆的二楼,从阳台眺望出去,纽约城依然灯火通明,这时虽然已是半夜,但街道上仍然有人来来往往,有的是在赶火车赶飞机,有的则是娱乐休闲。

他住的地方,不算是纽约最繁华的地方,如果要搬到百老汇一带去,夜间将会更繁华, 对他开办新的产业也更有利一些……正当他这样胡思乱想的时候,突然有两个女人谈话的声音传进他的耳朵里。

"你看,我的头发乱得像草一样,连个整理的地方都没有,多难为情。"

"我不也是一样,"另一个女人说,"所以我最讨厌大清早就出门。"

"美容院都什么时候开门?"

"最早也要早上八点。"

"我的天哪! 就让我这样蓬头垢面地坐飞机吗?到了芝加哥下飞机怎么见人呢?"

"凑合吧,我们到飞机上,自己随便梳洗一下就算了……"

很快,她们的谈话声就随着出租车一起消失在夜幕中。而法布利奥却仍呆呆地站在阳台上,他的心绪突然在这一刹那被这几句话激活起来,思想也开始活跃起来,突然间,一瞬而逝的灵感让他找到了答案——他要开一家24小时营业的全天候美容院。

不久,法布利奥"美容城"开张了,而且因为实行了24小时营业的独特经营方式,生意很快就开始火爆起来。其实,法布利奥也并未对此付出多少,只是把听到的顾客的需求付诸行动, 但就是这条别人不经意谈话中隐含的信息,抓住了别人忽略的细节,给他带来了辉煌事业的开始。

一天24小时营业的全天候做法,给不少女人带来了便利。她们不必再因为美容院会打烊而去赶时间,或者因为做美容而耽误别的事,她们现在可以随心所欲地利用自己的便利时间去做美容,因为"美容城"的大门时刻都是敞开的。

另外, 常在夜间去做美容的女人往往都是一些神通广大、交际广泛的人,她们的语言无疑就像是一个广播电台,只要她们对其他的女人说:"我告诉你一个好消息,你再也不必为半夜没有地方化妆而发愁了,百老汇附近新开了一家非常好的美容院,而且是全天候营业,美容效果包你满意。"就这样,在很短的时间里,全城的女人都知道了法布利奥的24小时营业的"美容城"。

就这样,经过法布利奥的不断努力,他终于成为纽约最大、最有名的美容院的老板。他也因这一次偶然的机缘完成了他人生的一次重大转变。

生活中处处有机会,一人只有经常睁大眼睛去观察四周的事物,支起耳朵去仔细捕捉每一个声音的信息,他才能深切地了解到一个行业所具备的真正潜力,或者了解到整个行业的经营趋向,从中开掘出新的,属于自己的创业机会。

机遇驾到,你却视它为烫手山芋

多数人的毛病是,当机会冲奔而来时,人们兀自闭着眼睛,很少人能够去追寻自己的机会,甚至在绊倒时,还不能看见它。所以,想要成功很简单,只要在机会迎面而来的时候,勇敢地接住它。

1

莎士比亚说过这样一句话:好花盛开,就该尽先摘,慎莫待,美景难再,否则一瞬间,它就要调零萎谢,落在尘埃。所谓机会,是指具有时间性的有利情况。机会来了,该出手时就果断出手,这样才能把机会抓在手里,不至于让机会从身边溜走。

人的一生很像去捕鱼,总有决定"去"或"不去"的时候,一个有信心的人,通常会把自己投向未知的世界,航向大海,去接受挑战。这种人一定能历经危险,吸取经验。反之,胆怯或害怕变化的人,就只能躲在近海岸处,看着别人迅速地跑向前去。

机遇的头上是不贴标签的,而且它如流星一般稍纵即逝,他来到你的身边时,你能不能看到它呢?善于把握和利用机遇的人和被动地等待上帝眷顾的人,也便有了不同的命运。

有些机遇你错过了,但是,在人生的某个阶段,它还会再出现,它也许已经不是当初的面貌,但它就如上帝派去的直升机一样,可以给你又一次的救赎。及时地吸取教训,领悟这其中的深意,好好地珍惜这新的机遇,让它带着你走向成功。不要走到时间的尽头,只留下无尽的遗憾。

2

十几年前,山崎只是一家公司地位不高的小职员,平时的工作是为上司干一些文书工作。跑跑腿,整理报刊材料。工作很辛苦,薪水也不高,他总琢磨着想个办法干成大事。

有一天,他在经手整理的报纸上发现这样一条介绍美国商店情况的专题报道,其中有段提到了自动售货机。

上面写道:"现在美国各地都大量采用自动售货机来销售商品,这种售货机不需要人看守,一天24小时可随时供应商品,而且在任何地方都可以营业。它给人们带来了方便。可以预料,随着时代的进步,这种新的售货方法会越来越普及,必将被广大的商业企业所采用,消费者也会很快地接受这种方式。前途一片光明。"

山崎开始在这上面动脑筋,他想:日本现在还没有一家公司经营这个项目,将来也必然会迈入一个自动售货的时代。这项生意对于没有什么本钱的人最合适。我何不趁此机会走到别人前面,经营这项新行业。至于售货机销售的商品,应该是一些新奇的东西。

于是,他就向朋友和亲戚借钱购买自动售货机。他筹到了30万日元,这一笔钱对于一个小职员来说不是一个小数目。他一共购买了20台售货机,分别将它们设置在酒吧、剧院、车站等一些公共场所,把一些日用百货、饮料、酒类、报纸杂志等放入自动售货机中,开始了他的事业。

不久,这一举措果然给他带来了好运。山崎的自动售货机第一个月就为他赚到了100万日元。他再把每个月赚的钱投资于售货机上,扩大经营的规模。5个月后,山崎不仅还清了所有借款,还净赚了2000万日元。

山崎在公共场所设置自动售货机,为顾客提供了方便,受到了欢迎。一些人看这一行很赚钱,也都跃跃欲试。山崎看在眼里,敏锐地意识到必须马上制造自动售货机。他自己投资成立工厂,研究制造"迷你型自动售货机"。这项产品外观特别娇小可爱,为美化市容平添了不少光彩。

山崎的自动售货机上市后,市场反应极佳,立即以惊人之势开始畅销。山崎好又因制造自动售货机而大发了一笔。

你敢或不敢,机会就在那里。每一个人,都应该成为自己命运的设计师,都应该对生活承担责任。上天是公平的,只有付出才有回报,只有勇敢地进行尝试,机会才有可能来敲你的门。如果没有把握机遇的意识,你只能在消极的生活中"熬"过一天又一天,直到自己老去。

3

机会是稍纵即逝的，该出手时就要大胆出手。在一切大事业上，在开始做事前要像千眼神那样审视时机，伺机而动；而在进行时要像千手神那样抓住时机，毫不犹豫。成功的人，通常会主动寻找机会，然后把握机会；不冒险，就得不到成功。

1921年6月2日，《纽约时报》为纪念电报诞生25周年，发表了一篇评论。评论中透露了这样一个信息：现在人们每年接收的信息是25年前的20倍。在大多数读者眼里，这是一句普通的话，普通得甚至很多人读后就忘记了。但是，在一些喜欢思考而且眼光独特的人眼里，这却是一条极具商业价值的信息，美国至少有20位人士立即对这一信息作出了反应，即准备创办一份文摘性刊物。他们在不到两个月的时间内，都到银行存了1000美元，作为资本金，并办好了营业执照。

然而，当他们到邮政部门办理有关发行手续时，邮政部门告诉他们，由于很快就要进行中期选举，此类刊物的征订和发行暂时不能办理，开禁时间也不知道到什么时候。总之，在这种情况下办这样的一份刊物是不可能的，因为大环境不理想。

听到这个消息后，有19个人认为局势对创业不利，于是他们很快就递出了暂缓执行的申请。但是，一个名叫德威特·华莱士的年轻人却没有理会这一套，也没有把别人那句"不可能"的话放在心上。他认为，"不利因素"也可能转化为商机，比如，邮政人员这一句话，就为他"消灭"了19个竞争者。

华莱士回到他租住的纽约格林尼治村的一个储藏室，在未婚妻的帮助下，他们一共糊了2000个信封，并装上征订单寄了出去。就这样，《读者文摘》诞生了，而且很快创造了奇迹。到了20世纪末，《读者文摘》已拥有

19种文字和多个版本,畅销127个国家和地区,用户1.1亿,年收入5亿美元。几十年以来,在美国期刊排行榜中,《读者文摘》一直牢牢坐在第一把交椅上。《读者文摘》取得的成绩,证明了华莱士已把人们认为的"不可能"变成了"可能"。

华莱士成功的经历告诉我们:成功者绝不会等到时机成熟、万无一失时再开始工作,只有那些在既定的环境中能从"不可能"中看到希望,并自发去把事情做到极致的人,才有可能获得成功。

世界那么大，
千万别孤单闯天下

　　不要希望有人100%地为你付出，帮助你，要善于结交更多的朋友，让100个人在你需要他们的时候每人付出1%的能力去帮助你，这样你就是个大赢家。交际广，机会就多，所以我们需要做的是善结人缘，合理地处理人际关系。

人际关系第一准则:记住别人的名字

获得别人好感的一个最简单、最明显、最重要的方法,就是记住他人的名字,使他觉得自己受到了重视。

1

名字,虽然只是一个简单的名词,但却是他存在于这个世界上的凭证之一。虽然,对方没有要求你一定要记得他的名字,但并不表示他不在乎。人际交往中,记住别人的名字是对他人最大的尊重。如果你能把只见过一次的人的名字记住,并在下次见面时准确地叫出,这对于对方来说不仅是一个惊喜,更是一种满足。因为有人这样在乎他、重视他,他会很开心,对你也会产生好感和信任,从而更乐于与你交往。

不可否认,我们每天会遇见很多张面孔,初见时热烈地寒暄,互递名片,亲切得如同老友,可是一转身,有的人再也想不起来对方的名字,下次见面时,就会出现尴尬的处境。对一个连自己的名字都记不住的人,恐怕很少有人愿意与他交往,因为他根本就没有给予别人足够的重视。相反,如果你能够用心记住别人的名字,就很容易赢得好感。因为名字代表一个人的自我,也只有在受到尊重的时候,人们才会感到快乐。

第四章
世界那么大，千万别孤单闯天下

一位著名的推销员拜访了一个名字非常难念的顾客。他叫尼古得·玛斯帕·帕都拉斯。别人都只叫他"尼克"。这位推销员在拜访他之前，特别用心念了几遍他的名字。当这位推销员用全名称呼他"早安，尼古得·玛斯帕·帕都拉斯先生"时，他呆住了。过了几分钟，他都没有答话。最后，眼泪滚下他的双颊，他说："先生，我在这个国家十五年了，从没有一个人会尝试用我真正的名字来称呼我。"

自然，他的生意也谈得非常顺利。

2

生活或工作中，很多人不记得别人的名字，只因为他们认为没有必要下功夫去记别人的名字。如果问他们为什么，他们肯定会为自己找借口，说自己很忙。可是，你能比富兰克林·罗斯福更忙吗？如果连他这位总统都能做到记住别人的名字，那么，你还有什么可找的借口呢？

对一个人来说，自己的名字是世界上听起来最亲切和最重要的声音。世界上天生就能记住别人的名字的人并不多见，大多数人能做到这一点全靠有意培养形成的好习惯。而你一旦养成了这个好习惯，它就能使你在人际关系和社会活动中占有很多优势。

这个习惯不但可以使你获得友谊、达成交易、得到新的合作伙伴的通行证，而且能立即产生意想不到的效果。

爱默生曾说："良好的礼貌，是由小的牺牲换来的。"在交往中，记住对方的名字，而且很轻易就叫出来，等于给予别人一个巧妙而有效的赞美。善于记住别人的姓名是一种礼貌，也是一种感情投资，在人际交往中会起到意想不到的效果。

3

克莱斯勒汽车公司为罗斯福先生制造了一辆特别款汽车，张伯伦及一位机械师将此车送交至白宫。张伯伦在他的一篇回忆文章里这样记述："我教罗斯福总统如何驾驶一辆装有许多特别装置的汽车，而他教我许多关于处理人的艺术。"

当张伯伦到白宫访问的时候罗斯福非常愉快,总统直呼他的名字,使他感到非常惬意。给张伯伦留下深刻印象的是,总统对他要说明及告诉他的事项真切注意。"这辆车设计完美,能完全用手驾驶。"罗斯福对围观的那群人说,"我想这车极奇妙,你只要按一下开关,即可开动,你可不费力地驾驶它。我以为这车极好——我不懂它是如何运转的。我真愿意有时间将它拆开,看看它是如何发动的。"

当罗斯福的许多朋友及同仁对这辆车表示出羡慕时,他当着他们的面说:"张伯伦先生,我真感谢你,感谢你设计这车所费的时间和精力。这是一个杰出的工程!"罗斯福赞赏辐射器、特别反光镜、钟、特别照射灯、椅垫的式样、驾驶座位的位置和衣箱内有不同标记的特别衣筐。换言之,罗斯福注意每件细微的事情,他了解这些情况是费了许多心思的。他甚至还对老黑人侍者说:"乔治,你特别要好好地照顾这些衣箱。"

当驾驶课程完毕之后,总统转向张伯伦说:"好了,张伯伦先生,我想我该回去工作了。"

张伯伦带了一位机械师到白宫去,并把他介绍给罗斯福。这位机械师没有同总统谈话,他是一个怕羞的人,躲在后面,而罗斯福听到他的名字也只有一次。但总统在离开他们以前,找到这位机械师,与他握手,叫出了他的名字,并谢谢他到华盛顿来。他的致谢绝非草率,确是一种真诚,张伯伦能感觉得到。回到纽约数天之后,张伯伦接到罗斯福总统亲笔签名的照片,并附有简短的致谢信,还对张伯伦给他的帮忙表示感谢。总统如何有时间这样做令张伯伦感到惊奇无比！

罗斯福知道一种最简单、最明显、最重要的获得好感的办法，那就是记住他人的姓名，使他人感觉重要——但有多少人这样做呢？

4

人的一生要记住的事情太多了，要想准确地叫出每个人的名字确实有点困难，但如果你真正做到了，你必然是一个受欢迎的人。因为任何一个人的名字，对他自己来说都是所有语言中最美妙、最重要的。同样，想要成为一个社交场合的明星，不妨从记住他人的名字这件小事上做起。

美国前总统乔治·沃克·布什（小布什）就是一个运用这种技巧的高手，他从很早的时候就能够熟练地运用这个法则来拓展人际关系。

1965年，当小布什在耶鲁大学开始他的新学期时，他进入了达文波特学院。小布什注意到达文波特楼的不远处便是DKE联谊会，那是一个常有大人物出现的地方，那是一个可以开展他政治理想的地方。但要想进入DKE联谊会，首先要做的就是申请加入达文波特学院的学生会，这样才可以让他有更多的机会在DKE联谊会上崭露头角。

一天晚上，达文波特学院召开一次选拔新人参加学生会的会议。早有此意的小布什当然不会错过这个绝好的机会。当小布什来到召开会议的教室时，发现已经有50多个新生和老生在那里坐着了。

会议开始了，学生会中的一个负责人在对学生会做了简单的介绍后，叫起了一位新生："约翰逊，请你看看这屋里的人，你能叫出几个人的名字来？"那名叫约翰逊的同学站起来，环视了一周，费力地说出了三四个人的名字，然后坐下了。

在问了两个同样只能叫出几个同学名字的新生后，那个负责人向小布什提出了同样的问题，小布什不慌不忙地站起来一口气叫出了教室中全部54个人的名字，这令包括几位学生会负责人在内的其他人佩服得五体投地。

小布什在入学的最短时间内记住了同学的名单，而且他经常会在球场、走廊、教室甚至浴室等一切可能的场所与更多的人结识。他的主动和诚恳给很多人留下了深刻的印象，人们对这位成绩并不优异的学生似乎给予了更多的关注。不仅如此，小布什几乎对所有的学校组织和社会活动都有着浓厚的兴趣。他在学生会和社团组织里的锻炼，为日后的政治活动打下了良好的基础。

即使是竞选总统时，去电视台做演播的空闲时间，他也会到后台转转，与摄影师等工作人员开玩笑，还经常在摄像机镜头前扮鬼脸、讲笑话。他用这种方式与普通人和社会精英人士建立了良好的人际关系，这为他竞选总统积累了重要的人际关系资源。

据统计，在他2001年1月当选美国第43任总统的选票中，就有相当大一部分是他在耶鲁和哈佛的校友通过自身和社会关系所带来的。有人曾笑称，如果你能叫得出大学校园里三分之一人的名字，那你也可以去竞选美国总统。

的确，对一个人来说，名字是非常重要的，记住了他的名字，就代表着你给予了他足够的重视，如此，他很难拒绝想与你继续交往的诱惑。也正是基于这个心理原则，在现代管理中，不少公司都要求记住每个客户的名字。事实也证明，记住每一位客户的名字，常常会起到意想不到的效果。

人最大的修养是看破不说破

人们常说："面子换面子，善用面子好办事。你可以赢得一场战争，但未必能赢得真正的和平。也许你早已忘记伤害过谁，但是被你伤害的人却永远不会忘记你。"其实，给别人留个台阶，不伤人的面子，不仅是给别人留面子，也是给自己留面子。

1

英国王室有一次准备举办一个大型的宴会招待来自印度各地区的首领，一向以稳重聪明著称的温莎公爵奉命接受了主持宴会工作的任务。他深知女王陛下对这次宴会的重视，也明白宴会独特的政治意义，所以非常注重把握每一个细节，尽量让这个宴会完美无缺。

在温莎公爵的精心安排下，宴会进行得非常顺利，宾主尽欢。在宴会即将结束的时候，细心的温莎公爵还特意命人打来洗手水，不过面对那些用银器精心打造的洗脸盆，印度首领们却误解了主人的意思，他们以为这是主人给予的清茶，结果大家都毫不犹豫地端起脸盆，尽情享用起来。

宴会上的那些英国皇家贵族对这一幕目瞪口呆，他们万万没有想到对方会产生这样的误解。可是众人也没有任何办法，在这样的场合下，如果直接提醒对方这是洗手水，那么无疑会极大地伤害客人的自尊心，弄不好还会引起政治争端;但是如果任由对方喝掉,又感觉像是一种欺骗和侮辱,终究显得不太得体。

就在大家无所适从的时候,温莎公爵微笑着端起精致小巧的脸盆一饮而尽,这时贵族们也纷纷效仿起来,端起来与众人共享。这样一来,一场大尴尬就瞬间消于无形,而温莎公爵过人的智慧和高超的交际手段也博得众人的一致赞赏。

在人际交往中,别忘了给别人一个台阶,这会让对方感觉到自己的重要,会让对方感觉到他在你心中占有重要的地位。每个人都喜欢被尊重,受到礼遇人们当然会感到高兴,假如你能够给别人这种感受,那么自然会得到人们的喜欢,人们自然而然就会帮助你,同时还会觉得你是一个应该感谢的人。

2

在英国经济大萧条时期,18岁的凯丽很不容易才找到了在高级珠宝店当售货员的工作。在圣诞节前夕,店里来了一位30多岁的顾客,他衣衫破旧,满脸忧愁,用一种美慕的目光,盯着店里那些高级首饰。

凯丽去接电话的时候,不小心把一个碟子碰倒,顿时六枚价值不菲的钻戒落到地上。她急忙弯腰捡起其中的五枚,但第六枚却不见踪影。当凯丽抬起头时,她看到那个30多岁的男子正向门口走去,顿时她意识到戒指被他拿去了。就在男子的手贴近门柄时,凯丽柔声叫道:"对不起,先生!"

那男子听了凯丽的叫声后,转过身来,两人相视无言,沉默有几十秒之久。"什么事?"男人问,脸上的肌肉在颤抖,再次问道,"什么事?"凯丽神色忧伤地说:"先生,这是我第一份工作,现在找个工作很难,想必您也深有体会,是不是?"

第四章
世界那么大，千万别孤单闯天下

那名男子沉思片刻，终于一丝微笑浮现在他脸上。接着他说："是的，的确如此。不过我敢肯定，你在这里会做得不错。我可以为您祝福吗？"说完之后男子向前一步，把手伸向女孩。"谢谢您的祝福。"凯丽也立即伸出手，两双手紧紧握在一起，女孩用很柔和的声音说："我也祝您好运！"

接着，男子转过身，朝门口走去。凯丽看着男子的身影消失在门外，转身走到柜台，把手中握着的第六枚戒指放回了原处。

每个人都有自尊，给对方留了情面，就相当于保留了对方的自尊心。法国一位著名作家曾说过："我没有权利去做或者说任何事以贬抑一个人的自尊。重要的并不是我觉得他怎么样，而是他觉得他自己如何，伤害他人的自尊是一种罪行。"

所以，在为人处世中，如果发现对方犯了错误，那么切忌当面指责或与之争辩。最好能通过巧妙的暗示让对方知道自己的错误。这样才不会引起对方很大的反感，而且也有益于他主动改正错误，这对于事情的最终解决是有百利而无一害的。

3

克里斯托弗·雷恩爵士是英国17世纪著名的建筑大师，他一生设计了很多有名的建筑，威斯敏斯特市的市政大厅就是他的不朽杰作。1688年，雷恩爵士为威斯敏斯特市设计了这个富丽堂皇的市政厅。当时市长住在二楼，他不懂得建筑的原理，看了设计图之后，非常担心三楼会掉下来，压塌他的办公室。

于是，他要求雷恩再加两根石柱作为支撑，加固房子的结构。雷恩很清楚市长的恐惧是杞人忧天，没有什么道理，但是他没有同市长争辩，也没有跟他解释其中的原理，而是按照市长的要求建造了两根石柱，市长为此感激万分,工程也得以顺利进行。

多年以后,人们在为这个政厅维修时突然发现,这些石柱其实根本没有顶到天花板。

这位杰出的建筑师为了满足市长的要求,在他的设计中加了两个并不起实际作用的石柱。他没有跟市长争辩,因为他知道争辩是没有用的,有可能还会激怒市长,使得整个建筑工程无法进行,所有的设计都前功尽弃。实际上多出来的两个石柱并没有影响到他的设计艺术,相反,当人们看到这两根柱子没有顶到天花板的时候,明白了他的苦心,更加赞赏他了。

与人做无谓的争辩不能给自己带来任何好处。因为即使你说的是正确的,也很难改变对方的思想,而且招人厌恶;但当你保持沉默、避免和对方发生冲突时,对方反而能够冷静地倾听你的意见,进而达到良好沟通的目的。

所以,一定要记住避免与人作无谓的争论。因为这除了给你带来更多消极的影响外,不会有任何积极意义。

4

1502年,伟大的艺术家米开朗基罗来到佛罗伦萨,他要用一块别人认为已经无法使用的石头雕出手持弓箭的年轻大卫,他的赞助人是当时的执政官索德里尼。

工作进行了一段时间之后,雕像快要完成了,索德里尼进入了工作室。他自以为是行家,在仔细地"品鉴"这项作品后,开始对这座雕像品头论足。他站在这座大雕像的正下方说:"米开朗基罗,你的这个作品诚然是个杰作,很了不起,但它还是有一点缺陷,就是鼻子太大了。你来看看是不是?"

米开朗基罗知道索德里尼看到的"缺陷"并不是真的,并且他得出这样的结论是因为观察的角度不正确。但是米开朗基罗什么都没有说,而是拿着工具，让索德里尼跟着他爬上支架。他在雕像鼻子的部位轻轻敲打，一边敲打一边让手里事先拿好的石屑一点一点掉下去，还时不时问索德里尼的意见，表面上看起来他是按照索德里尼的意见在修改，但事实上他根本没有改动鼻子的任何地方。

经过几分钟后，他站到一边，问道："现在怎么样？"

索德里尼端详了半天，得意地微笑着回答道："我比较喜欢现在这个样子，更栩栩如生了，这才是最完美的艺术！"

很明显是索德里尼不对，但他是米开朗基罗的赞助人，米开朗基罗知道冒犯他没有任何意义。如果他看不起自己的赞助人，跟他争辩起来，最后可能会胜利。但结果是除了逞一时的口舌之快，不会有任何好处，并且还可能因此而得罪这个赞助人，使自己面临资金短缺的困境，最后可能连这个雕塑都无法完成。他在口头上忍让，没有据理力争，但并未因此而对索德里尼言听计从，因为如果改变鼻子的形状，很可能就毁了这件艺术品。对此，他的解决办法是让索德里尼在无意中调整自己的视野——让他靠近鼻子更近一点，而不是让他意识到自己的错误。

有些人总想在嘴巴上占便宜，喜欢与人争辩，有理要争，没理也要争三分，即使是开玩笑也不肯以自己吃亏告终。不论国家大事，还是日常生活小事，一见对方有破绽，就死死抓住不放，非要让对方败下阵来不可。他们不知道得理让人三分是更加高超的竞争之术，退一步天高地阔，让三分心平气和。

有理也要让三分，这是正确处理人际关系的一个好办法。遇到矛盾，首先想着有理也要让三分的道理，这就好办多了。彼此之间图个和气，有谁不愿与这种人做朋友呢？

尊重他人,哪怕对方看起来微不足道

在人类行为中,有一条至为重要的法则,如果我们遵守它,就会万事如意,将会得到无数的朋友,获得无穷无尽的快乐。这条法则就是:永远尊重别人,维护对方的尊严。

1

有这样一则笑话。

有一个人请了四位同事到他家里吃饭,他表现得非常真诚,摆了一大桌酒菜。三个同事如约而至,只有一位仍不见踪影,主人在门口急得东张西望,搓手跺脚。一个同事从里头跑出来安慰他不要着急。谁知这位老兄随口甩出一句话:"该来的不来。"旁边劝他的这位同事一听,心里想:"这样说,我岂不是不该来的。"咣当一声摔门而去。里头另一位同事见状,急忙出来好言相劝。哪知这位老兄又从嘴里蹦出一句:"唉!不该走的又走了。"本来相劝的同事一听,怒从心起:"不该走的走了,那意思不就是该走的不走吗?得,甭解释了,我走了。"最后在屋里等的那位同事急忙出来帮着主人挽留客人。可惜这位老兄口才实在不佳,竟然又冒出一句:"我根本不是冲他们说的。"最后那位客人一听:"噢,你不是冲他们说的,那不就是冲我说的吗？算了,我也不留了,一起走吧！”

这虽是一则笑话,却深刻地反映了人们渴望被人尊重的心理。

2

英国著名教育家斯宾塞说过:“野蛮产生野蛮,仁爱产生仁爱。”尊重,是人际关系的起点。不尊重他人,他人也不会尊重你,也不可能信任你,这样你就会失去许多朋友的支持。

古人云:“尊人者,人尊之。”只有尊重自己的交往对象,交往对象才会尊重你。在互相尊重的气氛下,交往才能顺利进行。所以,人与人之间的交往,都应建立在真诚与尊重的基础上。

一天,一位40多岁的中年女人领着一个小男孩走进美国著名企业“巨象集团”总部大厦楼下的花园,在一张长椅上坐下来。她不停地在跟男孩说着什么,似乎很生气的样子。不远处有一位头发花白的老人正在修剪灌木。

忽然,中年女人从随身提包里拉出一团白花花的纸巾一甩手将它抛到老人刚修剪过的灌木上面。老人诧异地转过头朝中年女人看了一眼,中年女人满不在乎地看着他。老人什么话也没有说,走过去捡起那团纸巾把它扔进了一旁装垃圾的筐子里。

过了一会儿,中年女人又拉出一团纸巾扔了过来。老人再次走过去把那团纸巾拾起来扔到筐子里,然后回到原处继续工作。可是,老人刚拿起剪刀,第三团纸巾又落在了他眼前的灌木上……就这样,老人一连捡了那中年女人扔过来的六七团纸,但他始终没有因此露出不满和厌烦的神色。

“你看见了吧！”中年女人指了指修剪灌木的老人对男孩大声说道:“我希望你明白,你如果现在不好好上学,将来就跟他一样没出息,只能做这些卑微低贱的工作!"

老人听见后放下剪刀走过去,和颜悦色地对中年女人说:"夫人,这里是集团的私家花园,按规定只有集团员工才能进来。"

"那当然,我是巨象集团所属的一家公司的部门经理,就在这座大厦里工作!"中年女人高傲地说道,同时掏出一张证件朝老人显了晃。

"我能借你的手机用一下吗?"老人沉默了一会儿说。

中年女人极不情愿地把手机递给老人,同时又不失时机地开导儿子:"你看这些穷人,这么大年纪了连手机也买不起。你今后一定要努力啊!"

老人打完电话后把手机还给了妇人。很快一名男子匆匆走过来,恭恭敬敬地站在老人面前。老人对来人说:"我现在提议免去这位女士在巨象集团的职务!""是,我立刻按您的指示去办!"那人连声应道。

老人吩咐完后径直朝小男孩走去,他伸手抚摸了一下男孩的头,意味深长地说:"我希望你明白,在这世界上最重要的是要学会尊重每一个人……"说完,老人撇下三人缓缓而去。中年女人被眼前骤然发生的事情惊呆了。她认识那个男子,他是"巨象集团"主管任免各级员工的一个高级经理。"你……你怎么会对这个老园工那么尊敬呢?"她大惑不解地问。

"你说什么?老园工?他是集团总裁詹姆斯先生!"中年女人一下子瘫坐在长椅上。

哲学家威廉·詹姆士说过:"潜藏在人们内心深处的最深层次的动力,是想被人承认、想受人尊重的欲望。"渴望受人喜爱、受人尊敬、受人崇拜,这是人类天生的本性。但是,有取必有予,我们希望获得些什么,也就必须首先付出些什么。我们希望获得别人的尊重,这就要求我们每一个人都要学会尊重他人,这样我们才能获得别人的尊重。

3

美国学识最渊博的哲学家约翰·杜威说:"人类本质里最深远的驱策力就是希望具有重要性。"每一个人来到世界上都有被重视、被关怀、被肯定的渴望,当你满足了他的要求后,他就会对你重视的那个方面焕发出巨大的热情,并成为你的好朋友。

有个业务员曾说过这样一个例子。

他的工作是为强生公司拉主顾,主顾中有一家是药品杂货店。每次他到这家店里去的时候,总要先跟柜台的营业员寒暄几句,然后才去见店主。

有一天,他到这家商店去,店主突然告诉他今后不用再来了,他不想再买强生公司的产品,因为强生公司的许多活动都是针对食品市场和廉价商店而设计的,对小药品杂货店没有好处。这个业务员只好离开商店。他开着车子在镇上转了很久,最后决定再回到店里,把情况说清楚。

走进店里的时候,他照常和柜台上的营业员打过招呼,然后到里面去见店主。店主见到他很高兴,笑着欢迎他回来,并且比平常多订了一倍的货。这个业务员对此十分惊讶,不明白自己离开店后发生了什么事。店主指着柜台上一个卖饮料的男孩说:"在你离开店铺以后,卖饮料的男孩走过来告诉我,你是到店里来的推销员中唯一会同他打招呼的人。他告诉我,如果有什么人值得同其做生意的话,就应该是你。"从此店主成了这个推销员最好的主顾。这个推销员说:"我永远不会忘记,关心、尊重每一个人是我们必须具备的特质。"

4

关心别人、尊重别人必须具备高尚的情操和磊落的胸怀。当你用诚挚的心灵使对方在情感上感到温暖、愉悦,在精神上得到充实和满足时,你就会体验到一种美好、和谐的人际关系,你就会拥有许多的朋友,并获得最终的成功。

　　在等待公司面试通知的那几天里,薛刚突然接到了一个通知,说总经理想亲自见见他。薛刚自然是不敢懈怠,准时到达了公司的大厅里。在等待了近15分钟之后,总台接到了总经理的电话,说让他到总经理的办公室去。薛刚临上楼之前没有忘记冲着警卫礼貌地笑笑,感谢他为自己指明总经理的办公室;在上楼梯时,薛刚看到一位清洁工正在擦楼梯的扶手,而那扶手一尘不染,干净得发亮,他也主动夸赞了一句:"您擦得真干净!"她听到薛刚的话,抬起头高兴地对薛刚笑了笑。薛刚想,这些都是基本的礼貌,无论对什么职位上的人都一样。

　　到了办公室,总经理跟薛刚说今天让他来,就是想让薛刚陪他去完成一次业务洽谈,也算是对他能力的考验。薛刚虽然有些紧张,但还是很快进入了应战状态。

　　在车上,总经理向薛刚了解了大学里所学的专业,在学校参加社会工作的情况,虽然不是正式的面试,但薛刚也很认真地作出了回答。就在他们聊得兴起时,总经理突然跟薛刚说:"糟了,我忘了一件事,产品项目说明书忘记带了……你能否回去帮我取一下?"薛刚猜想这也是考验的项目之一,于是坚定地回答说:"当然可以!"总经理说:"说明书在办公室的桌子上。"但当薛刚向他要房门的钥匙时,他摸了一下口袋,说:"出来得太急,忘在桌子上了。"

　　这下就难办了,但薛刚大话已经出口,他只好硬着头皮回去拿。

　　这家公司的安保措施相当严密,如果没有钥匙或预约是根本没法儿进去的。但是,因为早上薛刚跟保安有了简短的交流,并且给他留下了很好的印象,所以当薛刚说明情况之后,他就特许薛刚上楼去了。

　　总经理的办公室是锁着的,薛刚问遍了旁边的所有办公人员,大家都说没有钥匙。薛刚也只能急得在走廊里团团转。他猜想,如果拿不到说明书,很可能就会错过这份工作了。

第四章
世界那么大，千万别孤单闯天下

　　此时薛刚的头脑里顿时涌现出了几个方案：第一是破门而入，拿到说明书，显然这是不明智的，就算拿到了，他也得进警察局；第二就是找保安，把门撬开，但他敢肯定没有哪个保安会这么做；第三就是最糟糕的，打电话给总经理说他拿不到说明书……但这些都不是解决问题的办法。正在薛刚满头大汗的时候，早上的那位清洁工正好经过，看到他愁眉苦脸就问他怎么了。薛刚说明了情况之后，她笑嘻嘻地说她有钥匙，是平时用来打扫卫生时开门的。她愿意帮薛刚的忙，但是因为薛刚要拿东西，她就请保安来做了个证。当薛刚拿到那张薄薄的说明书时，他的心里充满了感激，还有对自己早上礼貌行为的庆幸。

　　当薛刚紧赶慢赶来到谈判会场时，总经理显然有点吃惊，随即满意地笑了笑："不错呀，只用了半小时。"在听完薛刚的讲述之后，总经理热情地拍了拍他的肩膀："这就是面试的最后一题，只有能拿到说明书的人，才有资格被录用。在你之前有两个人做过这道题，其中我很看好的那个研究生没有拿到，因为他回去时没有进得了大门，保安说他太傲慢，瞧不起人。另一个女孩好说歹说，得到保安的允许进去了，可是在找不到钥匙的时候，她想要撞门进去，被保安拉了回去。只有你，很好地完成了任务，因为你知道，钥匙就藏在角落里，而这些角落往往是被人们忽视的。"

　　只有真正学会尊重他人、尊重身边的每一个人，才能得到他人的尊重，最终自己才不会受到损失。

　　我们要尊重每一个人，如果我们不尊重别人，那么我们也得不到别人的尊重。社会上有各种各样的人，有成功的，有失败的，有富有的，有贫穷的，对于我们大多数人来说尊重成功的、富有的、高贵的、有势力的、有天才的人比较容易些。但其实尊重那些失败的、贫穷的、卑贱的、平庸的人更能显示出我们的涵养或者层次。换个角度来看，你也是其中的一员，如何对待别人，就是如何对待自己。

为他人着想，是你最有魅力的时刻

不管是从历史的角度，还是从人际交往的角度看，都应该以一颗真诚的心来对待别人，将心比心地多替别人想一想，经常进行"换位思考"，站在别人的立场想问题。

1

世界上没有成功的生意，只有成功的人。在成功人的眼里，身为社会人，不可能游离于他人之外，所以真正的成功既要活出自我，又要能为他人着想。没有人能拒绝和别人打交道，所以没有人能在不照顾到别人的情况下达成自己的目的。真正的智者勇于活出自己的风采，却永远不会忘记为别人多想想。

有一位少年去拜访一位长老，向他请教生活与成功之道："我怎样才能让自己得到幸福，同时又能带给别人快乐呢？"

长老看了看他说："我送你四句话，第一句话：把自己当成别人。"

少年想了想，说："在我感到痛苦忧伤的时候，把自己当成别人，痛苦就自然减轻了；当我欣喜若狂之时，把自己当成别人，那些狂喜也会变得平和一些，是这样的吗？"

长老点点头,说出了第二句话:"把别人当成自己。"

"在别人不幸的时候,"少年皱着眉头道,"真正用心去同情别人的不幸,理解别人的难处,在别人需要的时候,及时地给予帮助。"

长老微微一笑,又说出一句话:"把别人当成别人。"

少年说:"你的意思是让我充分地尊重每个人的独立性,在任何情形下,都要根据别人特点和需要来调整自己的行为。"

"说得很好!"长老眼中流露出赞许的目光,说出了第四句话:"把自己当成自己。"

想了一会儿,少年遗憾地说:"这句话的意思,我一时还悟不出来。而且这四句话之间也有许多自相矛盾之处,我用什么才能把它们统一起来呢?"

"很简单,用一生的时间和经历。"长老说道。

少年沉思良久,叩谢而去。

无论穷困潦倒,还是春风得意,我们时刻都不要忘了换位思考,想想别人,反思自己。只有这样,我们才能用理解和宽容对待每一个人,才能把敌人变成朋友,把朋友变成手足。

2

艾登·博格基尼是美国著名的音乐经纪人之一。他曾做过许多世界著名演唱家的经纪人,并且十分成功。众所周知,明星是最难相处的,由于舆论和社会的吹捧,他们的身价十分高。这在客观上使他们形成了一种孤高、不可一世的气质。他们那种不合作的态度时常令一些音乐经纪人十分头痛。

卡尼斯·基尔勃格是美国著名的男高音歌唱明星,他那浑厚、激昂的声音赢得了众人的青睐。但就是这种青睐,使他养成了一种坏脾气。但是,艾

登·博格基尼却成功地做了他的音乐经纪人达5年之久。说到其中奥妙,艾登·博格基尼谈了一件令他难忘的事:

一次演出的头天晚上,卡尼斯·基尔勃格在与朋友的聚会上不小心吃了一块辣椒。结果可想而知。万幸的是措施采取得及时,没有产生什么大的妨碍。

但是当天下午4点,卡尼斯·基尔勃格打电话给艾登·博格基尼,说他的嗓子又痛了起来,无法演出。

这下急坏了博格基尼,他立刻赶到了基尔勃格的住所,询问他的情况。他十分明智,没有提当天晚上的事,只是叮嘱他好好休息。

晚上7点,基尔勃格表示仍没有好转,博格基尼对基尔勃格说:"既然你仍不能进入状态,那就只好取消这次演出了,虽然这会使你少收入几千美元,但这比起你的荣誉来,算不了什么。"就在博格基尼驱车前往纽约歌剧院,打算取消这次演出时,基尔勃格终于打电话来了,他说他愿意今天晚上参加演出,因为,如果他不这样做的话,他就对不起博格基尼了,是博格基尼的慰藉使他恢复了状态。

善解人意,能够设身处地为他人着想,有着宽容处世、大度的胸怀,这样的人很容易得到他人的理解和支持。

3

在人际交往中,真诚还表现在从他人的角度看问题。有时候,我们很难用对错来衡量某一事情。这是因为,看问题的角度不一样,结果就不一样。此时,如果你能够真诚地站在别人的角度上来看问题,原本疑惑不解的问题就可能变得豁然开朗,双方也能够达成共识。

多年来,罗克常到离家不远的公园中散步和骑马,以此作为消遣。罗克非常喜欢橡树，所以每当看到公园里一些树被烧掉时，他就十分痛心。这些火灾差不多都是由到园中野炊的孩子们造成的。有时火势很凶，必须叫来消防队才能扑灭。

公园的角落里有一块牌子，警告人们不要在公园玩火，违者罚款。但由于牌子在角落里，很少有人看见它。公园里有警察，负责骑马巡逻，但他对自己的工作不太认真，火灾仍然时常发生。

有一次，罗克又看到公园失火，就急忙跑去告诉警察快叫消防队，可没想到警察却说那不是他的事。罗克非常失望，于是以后罗克再到公园里散步的时候，就担负起了保护公园的义务。当他看见树下起火时就非常生气，急忙上前警告那些野炊的孩子们，用威严的辞令命令他们把火扑灭。如果他们不听，就会恐吓要把他们交给警察。就这样，罗克只是按照自己的想法去做，只是在发泄自己的情感，全然没有考虑孩子们的感觉。

结果呢，那些儿童怀着一种反感的情绪暂时遵从了。转过身去的时候，他们又生起了火堆，并恨不得把整个公园烧尽。

随着时间的推移，罗克逐渐懂得了与孩子相处的方法，知道了怎样使用技巧，更懂得了从别人的角度来看待问题。于是他不再发布命令，甚至恐吓。而是说："孩子们，玩得高兴吗？你们在做什么晚餐？我小时候，也很喜欢生火，直到现在我仍然很喜欢。但你们知道在公园里生火是很危险的吗？我知道你们几个会很小心，但别的孩子就不一样了。他们来了也会学着你们生火，回家的时候却又不把火扑灭，这样就会烧掉公园里的所有树木。如果我们再不谨慎的话，我们就不会再看到这里的树木了。因为在这里生火，还有可能被警察抓起来。我不干涉你们的兴致，我很愿意看到你们开开心心的，但我想请你们在离开时，把火用土埋起来，并把火堆旁边的干枯树叶拨开，好吗？你们下次来公园玩时，可不可以到山丘的那一边，就在那沙坑里取火，那样就不会有任何危险了。多谢了，孩子们，祝你们玩得快乐。"

这样的说法,产生的效果可好多了!孩子们听了之后都很愿意接受和合作。他们没有被强制服从命令。罗克为他们保全了面子,双方的感觉都很好,因为罗克在处理这件事时,完全是从他们的角度出发考虑的。

4

斯蒂芬·霍金有着"继爱因斯坦以后世界上最杰出的理论物理学家"的美誉。他1942年8月出生于英国。1963年,年仅21岁的他被诊断患有"卢伽雷病"(运动神经元疾病),不久,完全瘫痪,被长期禁锢在轮椅上。1985年,霍金因患肺炎做了气管手术。此后,他完全丧失了说话能力,只能靠安装在轮椅上的一个小对话机和语言合成器与他人进行交流。在这样一种令人难以置信的艰难中,霍金成为世界公认的引力物理科学巨人。提出了著名的"黑洞理论",他的《时间简史》一书也成为闻名全球的畅销书。

俗话说,一位成功的男人背后必定有着一位伟大的女性。此言不虚。像霍金这样丧失了行动与说话能力的重症患者,如果没有妻子简对他的悉心照料和无私奉献,他的成功是难以想象的。

毕业于伦敦大学的简原想去外交部工作,但为了照料霍金,她放弃了自己的锦绣前程,甘心做一个忙忙碌碌而又尽职尽责的家庭主妇。然而,霍金家族中的某些人对她很不友好,特别是霍金生性孤傲的妹妹菲丽帕对她更是常常冷嘲热讽。一次,菲丽帕患病住院,简陪同丈夫去医院看望她,结果,在病房门口,简被告知,菲丽帕只想见霍金不想见她,那一刻,简感到十分委屈和尴尬。但她很快就控制住自己的情绪,设身处地为菲丽帕着想:一个人生病住院,心情当然不好,自己来看她就是希望她有一个好心情,既然她不想见自己,一定有她的道理,这样一想,心中的委屈与懊恼烟消云散。于是,她微笑地目送丈夫走进病房,自己留在外面,在门口的长凳上边看书边等丈夫,一等就等了两个多小时。

两个月后，简收到菲丽帕的寄来的一封信，在信中，菲丽帕为医院那件事向简作了道歉，并表示，从此以后，她将成为简最忠实的朋友之一。可以设想，如果简在探视病人而被拒之门外时拂袖而去，甚至冲进病房与病人作一番理论，那么，两人原本就不和谐的关系只能趋向恶化；而简因为愿意设身处地为对方着想，所以选择了忍让，选择了委曲求全，终于打动并感化了对方。正是凭借忍让这一美德，简消除了菲丽帕对她的偏见，赢得了霍金家族上上下下的尊重和欢迎。

人们在交往之间，总有许多分歧。有时并不是因为双方之间有多么难相处，只是考虑问题的方法有些不当，如果改变一下看问题的立场，事情其实会容易得多。

别那么自私，没有谁的人生不需要分享

不要吝啬你所拥有的，分享并不代表失去，在生活中我们分享得越多拥有的也就越多。

1

有这样一个古老的故事：

有人和上帝讨论天堂和地狱的问题。上帝对他说:"来吧!我让你看看什么是地狱。"

他们走进一个房间。一群人围着一大锅肉汤,但每个人看上去一脸饿相,瘦骨伶仃。他们每个人都有一只可以够到锅里的汤勺,但汤勺的柄比他们的手臂还长,自己没法把汤送进嘴里。有肉汤喝不到肚子。只能望"汤"兴叹,无可奈何。

"来吧!我再让你看看天堂。"上帝把这个人领到另一个房间。这里的一切和刚才那个房间没什么不同,一锅汤、一群人、一样的长柄汤勺,但大家都身宽体胖,正在快乐地歌唱着幸福。

"为什么?"这个人不解地问,"为什么地狱的人喝不到肉汤,而天堂的人却能喝到?"

上帝微笑着说:"很简单,在这儿,他们会互相喂食。"

人们都说:"把自己的苹果分给别人一半,虽然我们失去了半个苹果,但是却收获了友谊,收获了别人的感激;把痛苦和别人分享,那么就等于别人和自己分担了一半的痛苦,自己减少了一半的痛苦;把快乐和别人分享,自己获得快乐的同时,别人也为你的快乐而快乐,那就等于我们获得了两份快乐。"

2

古罗马哲学家卢克莱修说:"自私是人类的一种本性,高尚者和卑劣者的区别在于:前者能够克制这种本性而代之以无私的给予,而后者则任其肆意横行。"

要知道,付出和回报是成正比的,付出多少相应的就会有多少回报。当我们希望别人怎么对待自己时,首先我们就要怎么对待别人。当我们想从别人身上得到些什么时,就必须对别人付出,然后才能得到别人的回报。

当我们想要收获丰硕的果实的时候,千万不要吝啬手里的种子,将它们播撒并且精心地照顾,你会发现,到了收获的季节,便会硕果累累。而没有付出,又怎能尝到收获的甜美呢?

雪花纷纷扬扬,像飘洒到人间的精灵。在一个寒冷的冬日,一对老夫妇互相搀扶着走进了快餐店,像是从岁月的隧道中走出来。在这个到处都是年轻人的地方,他们看起来有点格格不入。餐厅里的客人羡慕地望着他们,甚至一些人在窃窃私语:"看,那对老人一定在一起生活了好多年,也许有60年,或者都已经过了钻石婚了。"

瘦小的老头径直走到点餐台点好餐。他点了一个汉堡、一包薯条还有一份饮料,一切都是一份。老人拿着托盘走回他们的座位,他撕下汉堡包装纸,然后很认真地把汉堡切成了大小相等的两份,一份放在自己面前,一份放在妻子面前。之后他又把薯条分成了两分,一份留给自己,一份给了妻子。最后老头把吸管插进杯子里,吸了一口饮料,然后看了老妇人一眼,老妇人没有吃桌上的东西,只是抿了一口饮料。

老头拿起汉堡咬了一口,这时餐厅里的人忍不住悄悄议论起来:"他们一定很穷,只能买得起一份套餐。"

就当老头拿起一根薯条要往嘴里放的时候,一个小伙子站了起来,他径直走到老夫妇的餐桌。他很有礼貌地说,他愿意为他们再买一份套餐。老头委婉地拒绝了,说他们这样很好,他们已经习惯一起分享任何东西。

餐厅里的人注意到,桌子上的东西老妇人一口都没吃,她只是静静地坐在那里看着丈夫吃,偶尔喝一口饮料。那个小伙子实在看不下去了,忍不住又走了过去,说他愿意给他们买点其他什么吃的东西。这次是老妇人拒绝的,她也说他们习惯了一起分享任何东西。

老头吃完了,利落地擦了擦嘴。那个小伙子简直无法忍受了,他再次走到他们的餐桌前提出帮他们买点吃的，结果又遭到了拒绝。最后他问老妇人:"为什么您不吃东西呢?您不是说你们总是一起分享任何东西吗?可为什么他在吃,而您却看着呢?难道您是在等什么东西吗?"老妇人笑了一下说:"我在等假牙。我们共用一副。"

小伙子怔住了,整个餐厅此时都弥漫着无言的感动。

付出也是一种幸福,当我们给予别人我们拥有的,当我们和别人分享我们拥有的同时,我们也获得了一种感激和快乐,那也是一种幸福。我们总认为只有不断地拥有才是一种幸福,然而幸福不仅仅只有得到这一种,有些时候,还有另一种幸福那就是付出。

3

有一群年轻的探险家,他们想挑战沙漠,于是,他们作了非常充分的准备,带足了食物和水,走进了沙漠。

但是,沙漠的环境实在是太恶劣了,随着时间一天天过去,食物和水也一天天地减少,渐渐地,面对恶劣的环境,有些人支持不住了,有的饿死了,有的渴死了,最终只剩下两个人。他们两个人互相扶持,互相鼓励,在沙漠里艰难地前进着。

十多天过去了,他们仍然没有走出沙漠。可是,这时候他们却只剩下一袋面包和一瓶水。强烈的求生欲望让他们的本性全部暴露出来,于是他们决定吃掉这些东西来补充体力,做最后的冲刺。

可是当他们看到食物的时候,就开始争夺起来,甚至大打出手,结果他们其中一个人抢到了面包,另一个人抢到了水,他们谁也不肯让谁,谁也不肯给自己的同伴分享一点。结果可想而知,抢到水的,饿死了。抢到面包的渴死了。到最后,谁也没能走出沙漠,都葬身于沙漠之中,与沙漠为伴。

第四章
世界那么大，千万别孤单闯天下

后来，又有一批人去那个沙漠探险，到最后也只剩下两个人，也只剩下一袋面包和一瓶水，但是他们在最后一刻，决定将面包和水平分。最后他们一起成功地走出了沙漠。

这就是与人分享和不与人分享的区别。不和人分享的那两个人，到最后纷纷葬身于沙漠，而与人分享的那两个人，面对最后的困难，面对有限的食物和水，他们懂得互相扶持，互相分享，最后成功地战胜困难，战胜沙漠。不但让他们获得生命，还让他们获得了难能可贵的友谊。

在这个世界上，每个人都需要同伴，无论在生活中遇到的是快乐还是痛苦，都需要有人分享。没有分享的人生，无论面对的是快乐还是痛苦，对人来说，都是一种惩罚。当我们获得快乐的时候总想和别人说，让别人和自己一起分享这份喜悦，获得别人的认同。同样，当我们遇到困难的时候，也都想找个肩膀来靠一靠，来为自己分担一份痛苦。没有人喜欢孤独地承担一切。

4

人的自私是一种自然的本性，与生俱来。也可以说，自私是人类生存的一种本能，但是有时候恰恰是因为人的自私，不但没有为自己赢来自己想要的东西，反而使自己失去了珍贵的机会。

一个比较有名气的公司招聘，应征者如云，但是招聘的名额却只有一个。经过一轮又一轮的筛选后，几百名应聘者，最后仅剩下了五位佼佼者。只剩最后一轮面试了，这一轮将要从这五位强者里面留下一位，这让每位参赛者都非常紧张，过关斩将走到最后已经是非常不容易了，如果最后一轮被过滤掉真是很遗憾。

再说这五个人，可以说都是各条道路上的"英雄好汉"，彼此各有所长，势均力敌,谁都可以胜任所要应聘的职务。也就是说,谁都有可能被聘用,同时谁都有可能被淘汰。正因为这样,才使得最后一轮的角逐更加具有悬念,竞争显得更加激烈和残酷。

早上8点,距离面试还有半个小时,五位参赛者早已等在候试的大厅里了,他们心里虽然紧张,但是表面上都镇定自若。坐在大厅一角的是刘大伟,他提前一个小时就来了,不过他对自己很有信心,因为他在初试、复试、又复试、再复试中表现都非常不错,有一次还赢得了主考官的夸奖,所以,他心里很踏实,认为自己获胜是绝对没有问题的,胜利的自信和成功的愉悦提前写在了他的脸上。

距面试开始时间还早,为了打破沉寂的僵局,五个人还是有人偶尔和旁边的人聊上一句半句的。面对眼前这些随时会威胁到自己命运的对手,他们在交谈中都显得比较矜持和保守,甚至夹着丝丝的冷漠和虚伪……

就在这时,有位年轻的男子匆匆忙忙地走来了,气喘吁吁的,一脸的焦急,额头上似乎还有细密的汗珠,这五个人心里有点纳闷,在前几轮面试中,好像并没有见过他。

他似乎有些尴尬,看了看几个等待面试的人,主动自我介绍说,他也是前来参加面试的,由于早上有点急事,来的比较匆忙,忘记带钢笔了,问他们几个是否带了笔,能不能借来填写一份表格。

这五位应聘者心里一惊,竞争本来已经够激烈了,现在倒好,半路又杀出一个"程咬金";幸好他忘记了带钢笔,也许他并不能成为大家的竞争对手。一时大家你看看我,我看看你,都没有吱声。他们当然都带了钢笔,来应聘谁会忘记带钢笔呢?

那位男子见没有人应声,脸上掠过一丝失望,但同时闪过一丝惊喜,因为他看到了刘大伟上衣口袋里的钢笔。他上前很友好地说:"先生,对不起,您的钢笔可以借给我用用吗?"刘大伟忘记了自己的钢笔就在上衣口袋里,他非常尴尬,但他几乎是不假思索地说:"哦,我……我的笔坏了。"说完他就低下了头。

"我这里正好有一支，虽然不是太好用，但勉强还可以用，你试着用吧。"其中一位应聘者向这位年轻的男子递上了自己的钢笔。那位男子接过钢笔，忙不迭地说着谢谢。

大家一下子就把目光聚集在他的身上，有恼怒，有埋怨，还有责怪，大家似乎在说："好了，你把钢笔借给了他，等于给自己增加了一个竞争对手，也许我们都要跟着遭殃。"

那位借钢笔的男子转身在纸上写了点什么就出去了，并没有像他们几个一样在这里等着面试。

面试的时间终于到了，但是面试室却丝毫不见动静。终于有人按捺不住去找相关的负责人询问情况。不料里面居然走出了刚才那个借钢笔的男青年，大家有点震惊，尚不明白发生了什么情况。只听他说："结果已经见分晓，这位先生被聘用了。"他把手搭在那位借给他钢笔的应聘者的肩膀上。

大家似乎还不明白发生了什么，只听男青年接着说："我是最后一轮面试的主考官，本来，你们能过五关斩六将，最终站在这儿，应该说你们都是强者中的强者，作为一家追求上进的公司，我们不愿意失去任何一个人才。但是很遗憾，你们输给了自己的自私！"

如果我们想真正地快乐，获取更大的成功，拥有美好的人生，守护忠诚的友谊，不管是其中的哪一个，我们都必须要先打破吝啬的樊篱，走出吝啬的灰暗，寻找生命中那一份与人共享的蓝天。予人玫瑰，手有余香。请放心，敞开你的胸怀，包括你自己在内，没有任何人会吃亏。

第五章 拆掉思维里的墙，会看到不一样的风景

我们生活在这个世界上，也有不少规矩和条条框框在约束我们的行动，有些陈规旧习你不打破它，就只能在它的小范围内活动，那么你的命运也会与他人没差别，不好也不坏，如此而已。

哪有那么多颠覆性创新，
只不过是在寻找方法而已

什么是创新？创新是以非习惯的方式思考问题的能力，看到与别人相同的东西，却能别出心裁，想出别人所想不到的或者以前从来没有过的。

1

不要以为创新是一件多么了不起的事情，不要以为现在有那么多的创造发明，自己已经"无新可创"了。只要你留意一下身边的人和事就会有许多好事。这自然不是教人等着天上掉馅饼，因为创新是永无止境的。在21世纪，在科学技术高度发展的今天，创新的机会还是很多的。

我们应该清楚，科技是创新的根本，观念是创新的先导，需求是创新的动力。要想创新，并不是一件高不可攀的事情。只要思路清楚了，心细了，什么事都好办了。人只要不画地为牢把自己圈在那里，自然能捕捉到很多成大事的机会和信息。

在1952年前后，日本东芝电器公司曾一度积压了大量电扇卖不出去。7万多名职工为了打开销路，想了许多办法，依然收效不大。有一天，一个小职员向公司领导人提出了改变电扇颜色的建议。当时全世界的电扇都是黑色的，东芝公司生产的电扇也不例外。这个小职员建议把黑色改为浅颜色。这一建议引起了公司领导人的重视，经认真研究，公司采纳了这个建议。第二年夏天，东芝公司推出一批浅蓝色的电扇，大受顾客欢迎。市场上还掀起了一阵抢购热潮，几个月之内就卖出几十万台。从此以后，电扇就不再是唯一的黑色，而变成了各种各样的颜色。

只是改变了一下颜色这样的小事，却引发了面貌一新的大畅销，使整个公司因此渡过难关。这一设计，不但提高了公司的经济效益，也在社会上引起巨大的反响。

灵感会启发人们想出新意念、新发明。成大事的人从不轻易放过闪现在脑子里的任何一种灵感，而要想捕捉到转瞬即逝的"第六感"就必须注意细节，注意常人漠视的小事，因为创新常蕴于细节中。

2

很多人正是靠这些创新成就了大业，那怎样才能产生这些创新呢？很简单，注意细节，观察生活，多思考，尤其是当你在生活中碰上令人头痛的"小麻烦"时，不要急着抱怨，而是思考解决的办法。

狮王牙刷公司的加藤信三就是这样做的。当他还是该公司的一名小职员时，也和其他小职员一样每天过着匆匆忙忙的打工生活，一大早匆匆洗漱完就急忙出门。一天早上，他正刷牙，发觉自己的牙龈又被刷出血了，这种情况已经发生好多次了，每次都气得他想把牙刷扔了。那一天，虽然他还像以前那样生气，但他想，肯定有很多人像自己这样，被牙刷刷得牙龈出血，也就是说现在的牙刷有这样的不足，存在需要改进的地方，自己作为一名从业人员，为什么不在这上面下下功夫呢？

在接下来的几个月里，他就一直在想这个问题，他也着实想到了不少办法，例如牙刷改用很柔软的毛，这样确实能够解决牙龈出血的问题，但牙刷毛过于柔软，不能很好地清除牙缝中的"垃圾"；又如使用前把牙刷泡在温水里，让它变得柔软一些，或者多用牙膏。他觉得都不够理想，因为不是很方便。

终于有一天，他突然想起，这一问题会不会与牙刷毛的形状有关系呢？会不会是因为它们太坚硬了，而将牙龈刺出血了呢？想到这里，他把牙刷放在放大镜下查看，意外地发现牙刷毛顶端是四角形的，也许是这种四角形的牙刷毛顶端棱角太分明，容易刺破牙龈吧。加藤针对这个缺点想出了一个好办法："把牙刷毛的顶端磨成圆形，那么用起来一定不会再出血了。"

经过试验，牙刷毛的顶端磨成圆形的牙刷，因为没有四角形那么棱角分明，那么锋芒毕露，不容易刺伤牙龈，效果十分理想。于是他就把他的新创意向公司提出来。公司对此非常有兴趣，马上采纳了他的新创意。后来狮王牌的牙刷顶端就全部改成圆形，受到消费者的普遍欢迎。这样一来狮王牌的牙刷不仅在众多牙刷中一枝独秀，而且长盛不衰，一直红火了十多年，至今势头不减。近二三年来，狮王牙刷的市场占有率能达到日本市场的30%～40%。

加藤信三的创意为市民们解决了生活中一个常遇到的小麻烦，为公司创造了巨额利润，也为他自己的发展创造了机会。他从一个普通的小职员一跃成为科长，后来又升为董事。至此，谁又有说他的创意实在"太小"呢？

不满是进步的起点，是活力的源泉，是创新的原动力。不满足于现状、不满足于琐碎，才会对这个世界有所希冀，才会对自己的生活有所追求，才有因不甘于重复而萌生的要改变的心，才能让我们为创新而奋斗。只要我们相信"不满是向上的车轮"，向前迈步，路就会在脚下延伸，我们向上攀登，便没有不可到达的高峰。

3

天才最基本的特性之一,是独创性或独立性,其次是他具有的思想的普遍性和深度,最后是这思想与理想对当代历史的影响。天才永远以其才能创造开拓前人未有的、无人预料的现实世界。

怎样才能使洗衣机洗过的衣服上不沾上小棉团之类的东西?这曾经是一个令研发人员大感棘手的难题。他们提出过一些有效的办法,但大都较复杂,需要增添不少设备。而增添设备就既要增加洗衣机的体积和使用的复杂程度,又要提高洗衣机的成本和价格。为解决这么一个问题,付出那么大的代价,难免让人感到不值得。

家庭主妇们也经常要为这个问题大伤脑筋。然而日本有一位家庭主妇在碰到这种情况时,与其他人态度不同:她不是埋怨、发牢骚,而是急迫地希望能找到一个解决问题的办法来。有一天,她突然想起幼年时在农村山冈上捕捉蜻蜓的情景,并且把它与当前洗衣机需要解决的问题联系起来。她想,小网可以网住蜻蜓,那在洗衣机中放一个小网是不是也可以网住小棉团之类的小杂物呢?

当时许多研发人员都认为,这样的想法太缺乏科学头脑了,未免把科技上的问题看得太简单。而这位妇女却没有顾虑这些,她利用空闲时间动手做起她所设想的小网来。三年时间,她做了一个又一个,反复地研究试验,终于获得了满意的效果。小网挂在洗衣机内,由于洗衣机里的水使衣服和小网兜不停地转动,小棉团之类的东西就会自然地被清除干净,这样的小网兜构造简单,使用方便,成本低廉,而且一个可以使用许多次,它上市后,大受顾客们的欢迎。而这位家庭妇女也靠发明这种洗衣机吸毛器,获得了高达1.5亿日元的专利费。

创新的成功,总是包含着创新者强烈的创新意识。要想摆脱传统观念和习惯思维的局限,就要鼓励自己打破思维禁锢,激活创新意识。独创能力是人的能力中最重要、最宝贵、层次最高的一种能力。人类的文明,都是创新的结果,创新就意味着成功,就意味着开创一片新天地。

创意存在于我们每天的吃饭、走路、工作甚至是睡眠之中。从现在起,不要再对身边的事情视若无睹,以你高速度运作的灵活头脑和睿智的目光去主动地发现机会、寻找机会,只要我们敢于打破常规,再加上自己独特的创意,我们一定会成功的。

世界还是那个世界,
只是构建的方式不再一样

人们在面对问题时,习惯使用思维的定式,时间越长,重复的次数也就越多,那么,他的思维就越狭窄,更不要说什么创造力了。

1

思维定式具有潜在的危害,其破坏力也是巨大的。把思维从无形的定式中抽离出来,成为创新的重中之重,到那时,你会发现,自己眼前狭小的空间瞬间变得广袤无边。

只有打破思维定式,我们的人生才能自由,才能进入一片新的天地。

古希腊哲学家赫拉克利特说:"所有的事物都是流动的。"人也好,事也好,物也罢,都是流动的,我们的思维更应该是流动的,停滞僵化只能导致慢性死亡。

一个人在某种特定的环境中生活、工作,久而久之就会形成一种固定的思维模式,这种思维现象就是思维定式。在遇到问题的时候,我们经常不假思索地将其纳入某种特定的思维框架,按照特定的思考程序去考虑问题。这样做往往判断错误,致使结果往坏的方向发展。

如果遇事总是凭借惯性或者以往的经验来解决问题,往往会将自己困得更牢。因此,要想摆脱困境,改变目前的状态,不妨反过来思考,自己是否已经进入了思维定式的怪圈。

一次,一艘远洋海轮不幸触礁,沉没在汪洋大海里,幸存下来的9名船员拼死登上一座孤岛,才得以活命。但接下来的情形更加糟糕,岛上除了石头,还是石头,没有任何可以用来充饥的东西。更为要命的是,在烈日的暴晒下,每个人都口渴得冒烟,水成了最珍贵的东西。

尽管四周是水——海水,可谁都知道,海水又苦又涩又咸,根本不能用来解渴。现在9个人唯一的生存希望是老天爷下雨或别的过往船只发现他们。

他们等了很久,没有任何下雨的迹象,天际除了一望无边的海水,没有任何船只经过这个死一般寂静的岛。渐渐地,他们支撑不下去了。

8个船员相继渴死,当最后一名船员快要渴死的时候,他实在忍受不住,扑进海水里,"咕嘟咕嘟"地喝了一肚子海水。船员喝完海水,一点儿也觉不出海水的苦涩味,反而觉得这海水非常甘甜,非常解渴。他想:也许这是自己渴死前的幻觉吧,便静静地躺在岛上,等着死神的降临。

他睡了一觉,醒来后发现自己还活着,船员非常奇怪,于是他每天靠喝这岛边的海水度日,终于等来了救援的船只。

后来人们化验这里的海水发现,因为有地下泉水的不断翻涌,这里的海水实际上是可口的泉水。

我们的生活充斥着习以为常、耳熟能详、理所当然的事物,使我们逐渐失去了对事物的热情和新鲜感。经验成了我们判断事物的唯一标准,存在的当然变成了合理的。随着知识的积累、经验的丰富,我们变得越来越循规蹈矩,越来越老成持重,于是创造力丧失了,想象力萎缩了。思维定式成为人类超越自我的一大障碍。

2

一天,著名科学家爱因斯坦应邀去某个大学演讲,学生们都兴奋异常,大家都想从这位伟大的科学家身上发现一些值得自己学习的东西。于是,他们每个人都准备好了笔记本,以便记下每一句教诲。然而,出乎大家意料,爱因斯坦并没有带演讲稿,甚至连一支笔也没带。

演讲开始了,爱因斯坦没有像其他人那样讲述自己的成功经历,而是给学生们出了一道题。他说:"有两位工人,他们同时从烟囱里爬了出来,一位是干净的,一位是肮脏的。请问他们谁会去洗澡?"学生们纷纷回答:"当然是肮脏的工人会去洗澡。"爱因斯坦反问道:"是吗,干净的工人看到肮脏的工人,他会认为自己身上一定也很脏;而肮脏的工人看到干净的工人,可能就会觉得自己也很干净。我再问问你们,哪个工人会去洗澡?"有学生马上说:"干净的工人会去洗澡。"在场的所有同学一致点头,都认同了这一答案。

爱因斯坦一笑:"你们又错了,理由很简单,两个工人同时从烟囱里爬出来,怎么可能一个是肮脏的而另一个却是干净的呢?"爱因斯坦顿了一下接着说:"其实人与人之间并没有太大的差别,尤其是你们这些坐在同一间教室里、受着相同教育、学习又都非常努力的年轻人,你们之间的知识差异更是微乎其微。有的人之所以最终能脱颖而出，是因为他们没有因循守旧。而要想做个与众不同的人，就必须跳出习惯的思维定式，抛开人为的布局，敢于怀疑一切。"

人类与动物的最大区别在于人类可以有意识地改变自己的行为，不按照常规行事。然而更多的人依然固守自己的动物本性，所以大多数人总是很平庸。有变通的头脑，就能找到真正的出路。纵观古今中外，突破思维栅栏的人，都有非凡的表现。

在生活中，一个真正聪明的人，在经验行不通时，会多向思维，反其道或侧其道而行。往往经验越多的人，就越容易被经验所误，跳不出或者不敢跳出思维的栅栏。所以，不要被你的经验、习惯所迷惑，只要你不断创新，打破规则，就能突破生活中的瓶颈！

3

有一天，一位犹太富翁走进了美国花旗银行的贷款部。贷款部的经理一看，来了一位大客户，因为这位犹太人的手里拎着一个非常昂贵的皮箱，穿着也非常体面。

经理一看，马上迎了上去，问道："这位先生有什么需要我帮忙的吗？"

"我想借一些钱。"犹太富翁说。

经理一听，便说："可以，但是您要在我们这里贷款的话需要有担保人，您得拿一些东西抵押才行，不知您押一些什么？"

"要抵押可以。您看这个，"犹太人说完就把手里的箱子拿了出来，打开一看，里面装满了金银珠宝和各种股票、债券等等，"我这箱子里的东西大概值50万美元。"

经理一看，这箱子里的东西都很值钱，于是就毕恭毕敬地问这位富翁：

"您到底要贷多少钱?"

犹太人想了想说:"我想贷款1美元。"

一听这话,经理傻眼了,50万美元的东西只贷款1美元,这个人肯定是疯了。要说这位经理还是有些小聪明,转念一想就明白了:这个犹太人肯定是位大客户,这是要拿1美元的事考验我们的信誉和效率,还有办事能力,这里不知道还有多大的买卖等着我们呢!1美元不过是一个引子。

"没问题,这1美元我们绝对贷给您。"经理说完这句话以后,把手续一一给这位犹太人办好,目送这个富翁走出了花旗银行的大门。

一转眼两个月已经过去了,有一天犹太商人又回到了花旗银行。这个犹太人微笑着,果然拿出了1美元对经理说:"今天我就是来还这1美元的,你把之前我抵押在这儿的东西还给我吧。"

经理把这些东西如数交给了这位犹太商人之后就等着他的后话,可是这位犹太人起身说了一声谢谢后就要走。看到这里经理抢上前去拦住了他,便问:"难道您没有什么事要办了吗?"

犹太人神秘地微笑了一下后道出了其中的秘密:"其实我是想到国外去旅行,但是家里值钱的东西实在是不放心。本来想在你们的银行办理一个保管业务,可我一算每个月的保管费就需要花掉几百美元,太不划算了。但是像现在这样多好,我拿这些值钱的东西去贷1美元,几个月之后还款也就是1美元,而且我的东西还被你们保管得很好。"经理终于明白,原来犹太富翁只是想让他们给自己保管物品。

犹太人的精明是举世闻名的,他们的精明有时就表现在他们善于变通。因为银行保管需要花很多钱,而如果用这些东西做抵押去贷款,则会花费很少,于是他便去贷款1美元。富翁的做法自然给银行添了不少麻烦,事后必定会遭到银行经理的鄙视,但自己的贵重物品得到了保管,而且还没有花1分钱,这才是真正的实惠。

不懂变通的人,往往因循守旧,他的思维被无意识地困在一个狭小的空间,毫无变通的余地。其实,那个把自己的思维困在原地的人,就是自己。挣脱自困的锁链,拓展你的思维,你就张开了飞翔的翅膀,就能脱离困守的原地,飞向成功的天空;你就会超越自己,走出更宽的路。

每一条道路都有风景,
看你有没有欣赏的眼光

一些看似无用的细节,往往能激发你的灵感,为你带来不凡的创意。只要我们怀着善于发现的眼光,有用的细节就会无处不在。只要用心把握好细节,我们定能找到有助于成功的方法。

1

创新是人之所以为人的标志,一切神智健全的人都毫不例外地存在着创新潜能,关键就看你是否善于挖掘。

可能你听说过这样一个故事:一个牧羊的孩子,时常因为丢失羊而被责罚,结果他发明了铁丝网,变成了一个富翁。还有一个大家熟悉的故事:一个修钢笔的工人,在贫穷的煎熬下,冥思苦想,发奋创新笔型,结果他创制出自来水型钢笔。

其实,只要稍稍审视一下自己就会发现,你会在某一方面"别出心裁",

或者同别人的观点、看法不一致,有着自己的独到见解,这就是创新。

美国有一对年轻夫妇,一次用奶瓶给几个月的婴儿喂奶时,试图让他自己抱着奶瓶吃奶,但奶瓶显得太大而且太滑,婴儿的小手怎么抱也抱不稳。夫妻俩正抱怨生产厂家在设计上考虑欠周到时,他们在工厂当焊接产品检验员的父亲耳闻目睹后顺口说道:"如果在奶瓶两边焊上手柄,孩子就可以抓稳了。"受此启发,这对夫妇琢磨着设计出一种"婴儿奶瓶",即将传统的圆柱形奶瓶改制成手柄状的奶瓶。他们紧接着又创办了一家公司,公司生产出来的这种奶瓶投放市场后很受欢迎,开张的前两个月就卖了5万多个,第一年销售额就达到150万美元。

创意来源于生活,而高于生活。生活有时是枯燥的,我们需要完成很多任务,需要承担各种责任,而创意是多彩的、随性的,灵感的迸发更是一种奇妙的体验。然而,对事物的用心感悟与理性思考拉近了生活与创意的距离。当我们在生活中寻找创意,并让创意回归于生活时,我们的生活便得到了升华。

2

200多前,法国军队在前线作战急需营养丰富的蔬菜,可新鲜的食品不等运到千里之外就变质了。后来,法国政府就在街头贴出布告:谁能研究出一种可以保鲜运送水果和蔬菜的方法,便可得到12000法郎的奖赏。有一个年轻人叫尼古拉·阿佩尔,他看到这张布告后,便开始对蔬菜和水果进行研究。他把蔬菜分成几份,以他能想到的方式分别保存,可过了几天,蔬菜全烂掉了。

有一天,阿佩尔发现妻子把当天吃剩下的菜又重新煮了一次,便大受启发。他想,要是把食物煮沸后再密封起来,保存的时间会不会更长一些呢?于是,阿佩尔就把新鲜蔬菜放进玻璃瓶中,敞开口放在水中煮沸,然后用软木塞将瓶口塞紧,四周用蜡封严。他用粗麻布把玻璃瓶裹得严严实实,并把它放在常温下保存。

两个月过去了,阿佩尔和妻子打开了那个宝贝玻璃瓶,倒出了食物闻了闻,又各尝了一口,味道非常不错。阿佩尔和妻子高兴得跳了起来,他们快乐地欢呼着。历史上的第一盒罐头就这样诞生了。

故事中,当阿佩尔为怎么样保存食物而烦恼时,一个简单的生活经验给予了他创意的灵感。在经过实验的检验之后,他发明出了罐头,这一发明大大提高了食物的保存时间,造福了全人类。

生活是创意的源泉,当我们用心去感悟生活并加之以理性的分析时,创意也正向我们走来。

3

位于美国加利福尼亚州的纽波特海湾,一年四季风光旖旎,海风习习,宁静而安详。在海湾的一个小镇上,人们仿佛过着远离尘世的生活,除了海浪扑向海岸的声音,其他的一切都沉睡着。没有摇滚,没有"嬉皮",没有"朋克",一切来自大城市的污染都没有。偶尔有三三两两的游客到这里来转转,科利尔和莎莉斯决定在这里开设他们的旅馆。

这无疑是一个冒险的举动。靠旅客吃饭的旅馆,面对的却是每日寥寥无几的外来人,来小镇办事的人大都住在政府开办的招待所。朋友和亲人都这样认为:他们简直疯了。

但是8年后,当人们再看到科利尔和莎莉斯这家名为"西里维亚·贝奇"的旅馆时,红火的生意让人眼馋,每年有数以万计的游客在这里下榻。现在想来住宿,需要提前两个星期预订房间。当然,小镇也因此人气渐旺,但宁静依然。

谜底是小说。

8年前,科利尔和莎莉斯还在加利福尼亚州的一家大酒店里供职。在工作中他们发现,很多人在加利福尼亚旅游之余,不愿去酒吧、赌场、健身房这些娱乐场所,也不喜欢看电影、电视,而是静下心来在房间里看书。时常有游客问科利尔,酒店能不能提供一些世界名著?酒店里没有,爱看小说的科利尔满足了他们。问的人多了,科利尔就留心起来。

一段时间后,他发现这一消费群体相当庞大。现代社会压力极容易让人浮躁,人们强烈地要求释放自己,有的人就去酒吧找疯狂,去赌场寻刺激来发泄;而另一部分人偏爱寻一方净土让自己远离并躲避一切烦恼与压力,看书就是一种最好的方式。开一家专门针对这类人群的旅馆,是否可行呢?科利尔在一次闲聊时,把这个想法对莎莉斯说了。没想到莎莉斯早就注意到这一现象,两人一拍即合,决定合伙开办一家"小说旅馆"。

为了安静,他们最后选择了纽波特海湾这个偏僻的小镇。他们集资购买了一幢三层楼房,设客房20套,房间里没有电视机,旅馆内没有酒吧、赌场、健身房,连游泳池都没有。

这就是科利尔和莎莉斯所想要达到的效果。在"海明威客房"中,人们可以看到旭日初升的景象,通过房间中一架残旧的打字机和挂在墙壁上的一只羚羊头,人们马上就会想到海明威的《老人与海》《战地钟声》等小说里动人的情节描写,迫不及待地想从"海明威的书架"上翻看这些小说,那种舒适的感受让人终身难忘。

所有的故事描述与人物刻画在科利尔和莎莉斯的精心筹划与布置下,都表现在房间里。令人大惑不解的是,他们的旅馆刚投入使用,来此的游客就与日俱增。尽管这种独具一格的旅馆有口碑相传的效应,但有限的几个外来人或许自己都没有品出味道,影响还不至于这么快。

原来,在布置旅馆的同时,科利尔和莎莉斯就早已开始了招徕顾客的工作。

既然是小说旅馆,顾客群自然是与书亲近的人。为了方便与顾客接触、交流,他们在加利福尼亚开了一家书店,凡是来书店购书的人都可以获得一份"小说旅馆"——西里维亚·贝奇的介绍和一张开业打折卡。许多人在看了这份附着图片的彩色介绍之后,就被这家奇特的旅馆吸引住了,有的人当即就预订了房间。为了扩大客源,莎莉斯还与加利福尼亚的其他书店联系,希望他们在售书时,附上一张"小说旅馆"的介绍。这种全方位有针对性的出击,为他们赢得了稳定的客源。这种形式一直持续到现在。

随着时间的推移,"小说旅馆"的影响日渐扩大。科利尔和莎莉斯的书店生意兴隆,也为其"小说旅馆"带来了源源不断的客人。在旅馆的每个房间和庭院里,随处可见阅读小说、静心思考、埋头写作的客人,甚至一些大牌演员和编剧也在这里讨论剧本。一些新婚夫妇还以在旅馆中用法国女作家科利特命名的"科利特客房"中度蜜月为荣。

创新并不神秘,它是人类最基本的社会属性之一,对于普通人来说,它只不过还处于一种潜在状态罢了。如果你善于掌握科学的方法,你那潜在的创新才能就会显现出来,令你创造出奇迹。

与其弯道超车,不如换道领跑

不要总是想方设法跟着别人的脚印去走,走出一条不同的路,往往有机会获得更大的成功。

1

成功的人，是突破传统定式的创新者，他们敢于向未知挑战，敢于挣脱常规，敢于在变化中冒险，敢于在得失中放弃。也只有富于创新精神，打破思维定式，才能够在激烈的竞争中得以胜出。如果总是因循守旧地按照传统办事，永远都不能走在时代的前列。

通常，有很多人在思考同一类问题时，不知不觉地就会滑向惯性的漩涡，绕着常规的思路打转，很难从中挣脱出来。惯性思维好比是一个无形的枷锁，严重地束缚了创新思维的生存与发展，将众多的大好机遇轻易放过。

一位出色的企业家受邀到一个学校开讲座，在互动环节，同学们提到在金融危机中如何更好地就业和创业的问题。

企业家没有直接回答，而是发问道："假如一条大河的对岸刚发现了一座大的金矿，但是河水很深，你们不会游泳，而你们渴望得到一大笔财富，那你们该怎么办呢？"

大家七嘴八舌，有人说："绕到河水浅的地方再过河。"有人说："练习游泳，练会了再游过去。"也有人说："造条船，能过河就行。"还有人说："建一座桥，就可以到达河的对岸了。"

企业家点点头，微笑着说："你们说得都不错。你们的目的是为了过河，绕到河水浅的地方过河也未尝不可，但是一条大河，你知道浅水处在什么地方吗？这样找很浪费时间，有时候成功是要有一点儿冒险精神的，太保守反而会错过良机。练习游泳也行，但当你学会了游泳并且真正能够游到对岸时，估计一切都晚了，机会来了不抓住，就会溜走的。造船、建桥也可以，但你想想，造一条船、建一座桥需要多大成本，需要多少时间呢？你不会游泳，毕竟有的人善于游泳，人家已经在第一时间游到对岸，对岸的金子已经被人提前注册了商标、申请了专利。真正的财富只能被少数的天才拥有,比尔·盖茨就是一个善游者,他最先发现了财富并且最先游到对岸,现在,金子已经被比尔·盖茨拿走了。"

同学们一阵笑声之后,却流露出有些失望的眼神。企业家见状,接着说道:"或许你们不是天才,但是只要你们肯动脑筋,转过弯来,也一定会有很多成功的道路。金子被比尔·盖茨拿走了,那么这时候你们发现机会了吗?如果这时候你就灰心丧气、打退堂鼓,那你注定要两手空空、一无所有。"

企业家顿了顿,接着说:"吸取了不会游泳而失去财富的教训,很多人当然都想学游泳了,那么机会来了,你可以开游泳馆,请人教授游泳,一样也可以发财。造船的应继续造船,建桥的也应继续建桥,虽然比尔有很多金子,但他也需要过河,你可以向他收过路费,一样也可以赚大钱。然后你们再看,造船需要木材商,建桥还要水泥商……机会还有很多很多。比尔·盖茨拿走了金子,他同样也要分一些给你们。所谓成功之路千千万,只要你们不用非法的手段和他硬抢金子,而是另辟蹊径,让他自愿送金子给你。"

世界上的任何事物都存在不同的方面,如果你能从不同的角度,用不同的视角来观察和思考,往往会有意外的收获,甚至可以收到事半功倍的效果。

2

在日本的神户有家叫"有马食堂"的料理餐馆,从外表上看并不华丽高雅,其内部装修也朴素简单,供应的菜式也是日本的较大众化的东西。但是,那里的生意却异常红火,每天有络绎不绝的顾客,特别是带着小孩的顾客颇多。

为什么这么一家普通的餐馆生意会比其他同类餐馆要兴旺呢?这引起很多人的关注。原来"有马食堂"经营有术,与众不同,他们以馈赠的形式招徕顾客。具体做法也是别具一格,在他们店里每当有带着小孩前来用餐的,该餐馆的服务员就热情地给顾客带来的小孩送上一条绘有动物图案的纸制围裙。

其实，这条纸围裙不值多少钱，其价值只有0.2美元，那么，为什么会受到人们的喜爱呢？原因就在这围裙是由本店的"画家"当场画上各种精美图案的，所画的图案均是小孩喜欢的小动物，生动有趣，使小孩爱不释手。小孩在餐馆用餐时，围上这一美不胜收的小围裙，吃得十分开心，当然，父母这一顿饭也倍有乐趣。用完餐后，小朋友就可以把这条围裙带回家去。

因为围裙上有手绘的多种多样的图案，小朋友总是希望多获得几条，所以他们常常要求父母带他到"有马食堂"去用餐。天下父母都有一颗爱子女之心，看到孩子得到围裙的高兴情景，自然会寻找时机常带孩子前来光顾。开始时，这些顾客与其说是去用餐，不如说是为了取悦自己的儿女。就这样，一次两次，重复多次之后，他们渐渐对"有马食堂"有了感情，成为那里的常客。也因此，一传十，十传百，"有马食堂"的名声传遍了神户市，它的生意兴隆发达也就是自然的事了。

日本"理光"公司的创始人市村清有一句名言："行人熙攘的背后有蹊径。"意思是说，人家都在走的道路前端不会有"金山"等着你，倒是不为人注意的地方有可能让你发现财富，商人要善于另辟新路。有时换一个角度来思考可能就会产生豁然开朗的感觉，善于运用"超常识"的法则进行经营，才能与众不同，别出心裁，独树一帜，出奇制胜，抢得商机。

3

一切创新活动都离不开创新思维。要想取得成功，就要学会用与别人不同的思维方式、别人忽略的思维方式来思考问题，也就是说要有一定的创造性。科学的真正意义在于发现，而从方法论来讲，能否发现则在于如何思维。科学发明是一种创造性工作,它的实质则在于创新,离开了创新将一事无成。

阿里巴巴的创始人马云曾经说过:"给我一个项目,我让10个人看,如果10个人都说好,我会毫不犹豫地扔进垃圾桶,因为大家都说好的东西,我马云何德何能,怎么能够做得比别人好?如果10个人中有9个都说不好,那我会仔细看这个项目,等我仔细看了,发现这个项目确实不好,我会放心地丢掉;但是如果我仔细看了,发现了别人没发现的东西,那机会就独属于我了。"

马云的逻辑与众不同,他所说的话颠覆了长久以来人云亦云、随波逐流、盲目从众的感性思维。我们常说:"大家好才是真的好。"这句话并没有错,但它也从某个角度上证明大家都看到了其中的玄机。如果一个创业项目大家都说好,很可能已经有人在做这个项目了,这个时候你再去做,就是步人后尘,你有什么优势去超越别人?就算还没有人开始做,你是第一个做的人,你身后还会有一大批人来做这个项目;面对那么多竞争者,你又有什么竞争优势?你又如何能一枝独秀呢?这就是马云的创业逻辑,他选择的是别人未曾走过的路,而不是随波逐流。

历史是源远流长而伟大的,这需要大家用心来学习。但我们在学习前人优秀东西的同时, 也为自己编织了一张无形的网——前人的固有思想结成的网。这张网给了我们许多知识,但有时候也网住了我们自己的思想。此时,只有勇敢地否定前人,冲破这张网,才能够创造新的东西,得到新的发展。

4

日本是个服装王国,而独立公司则是这个王国中一颗格外耀眼的新星。独立公司不生产高档时装和名牌服装,而是独树一帜,专门为伤残人设计和生产各种服装,因此才在日本服装业占据了一席不可缺少的位置。

独立公司的老板是一位残疾妇女,名叫木下纪子。过去她曾经营过室内装修公司，而且在该行业颇有名气。

可是就在事业一帆风顺的时候，一场意外的疾病——中风，给了木下纪子毁灭性的打击。她的左半身瘫痪了。木下纪子痛苦过、颓废过，觉得再没什么希望了，甚至还想过自杀。

但是当她从极度痛苦中挣脱出来、冷静思考时，理智和意志终于占了上风："必须振作起来，不能让这辈子就这样了结！"

然而，对于一个瘫痪的残疾人来说，要做成事业实在太难了。就拿穿衣服来说吧，这是每天必做的极小的一件事，而木下纪子却要非常吃力地花上数分钟或更长时间。"难道就不能设计出一种让伤残人容易穿脱的服装吗？"一个全新念头突然产生。一种要为和自己有同样遭遇的人解除不便的渴望重新燃起了木下纪子的事业心。

在这种思想的推动下，根据自己以往的管理经验和设想，木下纪子创办了世界上第一家专为伤残人设计和生产服装的公司——独立公司。为什么取名为"独立"呢？它有两个方面的含义：一是表达了伤残人的志愿和理想；二是木下纪子向世人宣告了自己要走独立自主的道路的理想。这个选择代表她是一个强者。

在公司开张之后，生意非常好。这主要是因为木下纪子确实抓住了特殊人群的生活需要，满足了市场需求。另外，这还得益于她用心去做事业，在设计服装的时候，并没有只体现了方便，而是将其设计成了时装的模样，非常令人喜爱。

当然，关于这一点，木下纪子认为：在生活中，面对同样的事情，残疾人需要更多的勇气和信心，因此在设计服装上应该在服装的款式、面料及色彩上多讲究一些，这样不仅使他们穿着更方便，而且还会增加他们的信心，何乐而不为呢？

在发展事业方面，她不仅眼光独到，发现了残疾人这个特殊的市场群体，而且还把自己品牌的服装打进国际市场。在独立公司发展的过程中，日本政府给予了大力支持。另外,海外的一些客户也慕名而来,与她签约建立了长期合作关系,木下纪子的事业得到了很大的发展。

木下纪子是个有心人,更是用心人。"残疾人"的身份使她更能设身处地去为客户着想,因为她的用心,才把事情做到了细微之处,同样因为用心,她才把事业做得更大。

木下的经历正好证实了金克拉的话:"如果你想迅速致富,那么你最好去找一条捷径,不要在摩肩接踵的人流中去拥挤。"

摩肩接踵举步维艰地发展,不如走一条尚没有人走过的路,迅速崛起,这就需要你具备一定的创新精神。这便是杰出人士与普通人的区别吧。

天无绝人之路,换种思路重新来过

办法总比问题多,当遇到问题的时候,一定要善于思考,因为思考是前进的助力器。很多时候,只要多想一想,换一种思维方式,问题就能迎刃而解了。

1

生活中,很多人面对棘手的问题,都不知道怎样去做。于是彷徨无措、束手待毙,最终被困难打倒。殊不知,世上没有解决不了的问题,只有自己困住自己。

在一场瘟疫中,死神因太过劳累,靠在路旁休息。这时,一个好心的年轻人跑来安慰他。死神见年轻人善良老实,就将他收为徒弟。他教给年轻人非常厉害的点穴手法,只要在病人身上的穴道上点几下,那么病就可以治好了。

之后,死神对年轻人说:"你现在可以去行医了,但是有一条戒律不可以违犯。就是当你治疗垂死的病人时,我会站在病人的床边,如果你看见我站在病人的脚旁,你可以把他的病治好;如果你看见我站在头那一边,就表示那人的大限已到,你就不用治了,否则,就要拿你自己的命来抵。"

年轻人一直遵守死神的戒律,也治好了很多人,成为一代名医。有一天,公主生病了,群医束手无策,国王便颁布一个命令:如果有人能把公主治好,就传位给他,并把公主许配给他。年轻人听到了这个消息,就跑到皇宫为公主治病。当他走进公主的房间时,公主的美丽使他倾心,可是公主的头旁边却站着死神。

年轻人实在是很喜欢公主,决定要救活她,但是死神站在公主的床头,怎么办呢?年轻人冥思苦想了一段时间之后,对国王说:"陛下!请叫人把公主的床换一个方向,这样我就能把公主治好。"

国王立即让人把公主的床换了方向,这样死神变成了站在公主的床尾。年轻人很快就把公主治好了,死神对他也无可奈何。接下来,年轻人迎娶了公主,过着幸福美满的生活。

面对困难时,这个年轻人没有消极地逃避或搁置问题,而是保持冷静的头脑,适时地变通了一下,稍稍地把床头和床尾换了个位置,最终找到了解决问题的方法。

2

现实中的很多事情都很难用直接求解的方法得出答案，这时不要幻想径直走，只要转换一下角度，从侧面思考问题，一条道走不通就换条路，这样就能让我们更加从容淡定地继续前进。

相反，如果直来直去，不懂侧面迂回，则会在复杂的路程中迷失方向，被眼前的困境所蒙蔽，最终碰得头破血流。即使侥幸成功，也会耗费大量心血，难以活得从容淡定。

很多人常常对人生抱怨不已，一次次地竭尽全力冲撞前方的困难，却没有想过可以绕行、爬墙，换个思路让沉疴的思维清醒一下。所以，在碰到困难强攻不下时，我们不必总想着如何正面地克服障碍、解决问题，而是要在充分认识当前局势的基础上，分析对比、审时度势，让思维寻找到一个曲折蜿蜒、绕道前行的道路。

3

人们往往会对一些常见的事物形成思维定式，因此以固有的思维方式来思考新的问题。但是有些事情是在不断变化的，有些事情则是从未发生过的。如果还以固定的思路来思考，必然找不到解决问题的方法。所以，我们需要转换视角，换个角度去思考，就会引发新的思索，产生超乎寻常的新构思和不同凡俗的新观念。

银行家大卫·洛克菲勒说："思路决定出路，头脑是否敏捷对成功至关重要。只有思维灵活的人，才能在变化中生存和发展。"

有一个年轻人，找了很长时间的工作，参加了很多面试，但都已失败告终。这次，他好不容易在朋友的介绍下，在一家牙膏制造公司得到了一份做杂事的工作,薪水少得可怜。

为了使目前已近饱和的牙膏销售量能够加速增长,不久,总裁重金悬赏,只要能提出足以令销售量增长的具体方案,便可获得高达十万美元的奖金。

所有人无不绞尽脑汁,在会议桌上提出各式各样的点子,诸如加强广告、更改包装、铺设更多销售据点,甚至于攻击对手……,几乎到了无所不用的地步。而这些被陆续提出来的方案,显然不为总裁所欣赏和采纳。

在会议凝重的气氛当中,恰巧年轻人到会议室为众人加咖啡,无意间听到讨论的议题,不由得放下手中的咖啡壶,在大伙儿沉思更佳方案的肃穆中,怯生生地问道:"我可以提出我的看法吗?"

总裁瞪了他一眼,没好气地道:"可以,不过你得保证你所说的,能令我产生兴趣,否则你给我滚出去。"

这位男孩俏皮地笑了笑:"我想,每个人在清晨赶着上班时,匆忙挤出的牙膏,长度早已固定成为习惯。所以,只要我们将牙膏管的出口加大一点,大约比原口径多40%,挤出来的牙膏重量,就多了一倍。这样,原来每个月用一条牙膏的家庭,是不是可能会多用一条牙膏呢? 诸位不妨算算看。"

总裁细想了一会,率先鼓掌,会议室中立刻响起一片喝彩声。

年轻人获得了十万美元的奖金。

一个好主意,往往需要换种思维,这样就可以获得意想不到的精彩。正如故事中那位男孩所提出的意见一样,有时将自己的思考模式或方向,巧妙地转个弯,的确可以看到更开阔更壮丽的美景。

4

18世纪末,英国原始资本主义"贫富两极化"的弊端越来越突出。一些贫民甚至成为到处流浪的"流民"。其中,有些"流民"以一些极端的方式报复社会，最后被政府抓起来，变成了犯人。为了惩罚这些犯人，英国政府决定把他们发配到澳大利亚去。因为那里是英国刚占领的荒凉的领地，没有人愿意去。

从英国到澳大利亚，遥遥千万公里。英国政府为了方便省事，便把运送这些犯人的工作"外包"给私人商业船只，由一些私人船主承包从英国往澳大利亚大规模运送犯人的工作。

刚开始，英国政府在船只离岸前，按上船的犯人人数支付船主运送费用，船长则负责途中犯人的日常生活，负责把犯人安全地运送到澳大利亚。

当时，那些运送犯人的船只大多是由一些破旧货船改装的，船上设备简陋，也没有多少医疗药品，更没有医生。船主为了牟取暴利，尽可能地多装人，致使船舱拥挤不堪，空气浑浊。私人船主在船只离岸前就按人数拿到了钱，对这些犯人能否远涉重洋活着到达澳大利亚并不上心。有些船主为了降低费用，追逐暴利，千方百计虐待犯人，甚至故意断水断食。

几年后，英国政府惊讶地发现，运往澳大利亚的犯人在船上的平均死亡率高达12%，其中有一艘船运送424个犯人，中途死亡158个，死亡率高达37%！

鉴于犯人的高死亡率，英国政府决定向每艘运送船只派一个政府官员，以监督船长的运送行为，并给随行官员配备了当时最先进的勃朗宁手枪。同时，还对犯人在船上的生活标准作了硬性规定，甚至还给每艘船只配备了一个医生。

上述措施实施的初期，船主的虐待行为受到了遏制，政府官员的监督好像有效了。但是，事情很快就发生变化了。长时间远洋航行的险恶环境和金钱诱惑，诱使船长铤而走险。他们用金钱贿赂随行官员，并将不愿同流合污的官员扔到大海里。据说，有些船上的监督官员和医生竟然不明不白地死亡。面对险恶的环境和极具诱惑的金钱，随行官员大多选择了同流合污。于是，监督开始失效，船长的虐待行为越发变本加厉。

据说，英国政府还采取了道德教育的新办法。他们把那些私人船主集中起来进行培训,教育他们不要把金钱看得比生命还重要,要他们珍惜人的生命,认识运送犯人的重要意义(即运送犯人去澳大利亚,是为了开发澳大利亚,是英国移民政策的长远大计)。但是情况仍然没有好转,犯人的死亡率一直居高不下。

后来,英国政府发现了运送犯人的制度弊端,并想到了巧妙的解决办法。他们不再派随行监督官员,不再配医配药,也不在船只离岸前支付运费,而是按照犯人到达澳大利亚的人数和体质,支付船长的运送费用。

这样一来,那些私人船主为了能够拿到足额的运费,必须在途中细心照料每个犯人,不让犯人体重少于出发前。若是死了一个犯人,或者犯人的体重减轻,英国政府都会少支付一些运费。

问题迎刃而解。船主们积极聘请医生跟船,在船上准备药品,改善犯人的生活条件,尽可能地让每个犯人都能健康地到达澳大利亚。

一段时间以后,英国政府又作了一次调查:自从实行"到岸计数付费"的办法以后,犯人的死亡率降到了1%以下,有的船只甚至创造了零死亡的记录。

在困难面前,采取不同思路的人,会有不同的结果。那些在逆境中能激情投入、大胆突破的人,往往更容易找到出路,迈向成功。

当路走不通时,不要再一味顽固,而要变换思路,改变陈旧的观念,打破世俗的牢笼。

第六章　人生的悲剧不是被人淘汰，而是被自己拖垮

习惯成自然，自然成人生，这里面隐藏着人类本能的奥秘。因为习惯的养成不只是动作的重复，也是脑神经指令的积累。一件事你做的次数越多，脑神经所受的刺激和记忆就越深，人的反应也会越来越熟练，到一定时候习惯就会自然形成。其实，很多时候成功并不难，只是改变某些习惯而已。

冲动是魔鬼,当时忍住就好了

冲动是魔鬼,不良情绪不仅会影响到一个人自身的心情和健康,还会伤害到别人,损害人际关系,造成不必要的隔阂,甚至酿成大祸,遗恨终生。

1

卡耐基曾经说过:学会控制自己的情绪,当苍蝇落在你的主球上的时候,不要理它,专心致志地击你的球! 当你的主球飞速奔向既定目标的时候,那只苍蝇就会不用你赶自己飞走。相反,如果你跟自己的情绪斤斤计较,并不断地任由坏情绪控制自己的行动,那么,你的一时冲动可能会造成悔恨终生。

或许,你觉得控制自己的情绪非常困难,如同亚里士多德所言:"任何人都会生气,这没什么难的,但要适时适所,以适当的方式对适当的对象恰如其分地生气,可就难上加难。"但我们必须做到,因为控制自己的情绪,是拥有人格魅力的首要条件。如果你动不动就怒、咆哮……那么,别人只会把你看成一个低俗、没有教养的人。

在成功的路上,最大的敌人其实并不是缺少机会,或是资历浅薄,成功的最大敌人是缺乏对自己情绪的控制。愤怒时,不能制怒,使周围的合作者望而却步;消沉时,放纵自己的萎靡,把许多稍纵即逝的机会白白浪费。

2

一位哲人说过:上帝要毁灭一个人,必先使他疯狂,因此我们必须学会控制自己,才能把握人生。

足球名将齐达内把足球运动演绎得可谓异常完美,2006年,原本已经要退役的齐达内在世界杯的复出,让无数球迷为之振奋,这次也是他最后一次向世人展示他的天赋。

一切都进行得那么顺利:漂亮的"勺子"点球,精彩的过人,以及在加时赛中表现出的令人惊叹的爆发力,这无不让人对这位老将心生敬佩。足球在他脚下似乎和他是融为一体的,在他的带领下,法国人挺进了世界杯的决赛。可是,在世界杯的决赛上,却发生了让全世界为之震惊的一幕:面对对手马特拉奇的挑衅,齐达内用头猛烈地撞击了他的胸膛!这个举动招来了一张刺眼的红牌,不仅让齐达内含着泪水从大力神杯旁走过,更让整个世界的球迷为之惊诧。随后的比赛,法国人以点球输给了意大利人。

事后,有人为齐达内本来可以完美谢幕却毁于失控的瞬间而惋惜,也有人对齐达内用头撞击的暴力行为表示谴责……

对于后来的评价,我们可以不管它谁是谁非,但有一点是可以肯定的,齐达内把坏情绪带到了自己的工作中了。对于齐达内来说,足球运动就是他的"工作",他的这次"工作",目的就是拿到世界杯的冠军,可以这么说,他和他的团队离冠军只有一步之遥了,是齐达内把坏情绪带到了工作中,令他们与冠军失之交臂。如果齐达内不计较因马特拉奇的挑衅而引起的不快,一如既往地把球踢好,情况也许会像人们预料的那样:意大利队获得冠军的机会是很小的。

3

有很多成功的人，能够把情绪收放自如，这正是他们取得成功的原因。这时，情绪已不仅是一种感情上的表达，更是成功的关键。有时候，你掌控不住情绪，不管三七二十一地发泄一通，结果弄得场面十分尴尬。生活中，每个人都难免碰到这种不快的状况。但是，聪明人会立即将情绪收拾调整好。

时任美国陆军部长的斯坦顿先生来到林肯的办公室，气呼呼地向他抱怨，有一位少将竟敢用侮辱的话指责他在偏袒一些人。林肯当即建议斯坦顿写一封内容尖刻的信回敬那家伙。

"可以恶狠狠地骂他一顿。"林肯说。

斯坦顿听从了林肯的建议，立刻写了一封措辞强烈的信，然后拿给这位伟大的总统看。

"对了，对了！"林肯高声叫好，"要的就是这个！好好训他一顿，真写绝了，斯坦顿。"

但是当斯坦顿把信叠好装进信封里时，林肯却叫住他，问道："你干什么？"

"寄出去呀。"斯坦顿有些摸不着头脑了。

"不要胡闹。"林肯大声说，"这封信不能发，快把它扔到炉子里去。凡是生气时写的信，我都是这么处理的。这封信写得好，写的时候你已经解了气，发泄完了，现在感觉好多了吧，那么就请你把它烧掉，然后再冷静下来写第二封信吧。"

林肯是一个非常伟大的人，他对自己的情绪掌控得就非常出色。他认为，性格的力量一般会包含两个方面——意志的力量和自控的力量。它的存在有两个前提——强烈的情感以及对自己情感的坚定掌控。善于控制自己情绪的人,当然也就会善于驾驭人生。而不能控制自己情绪的人,往往一事无成。所以,让我们努力提高这方面的能力,及时、迅速、有力地赶走坏脾气吧。

如果真的有人让你无比气愤,你也应该努力克制自己在盛怒下的情绪,这不仅是个人修养的体现,也是理智的表现。在你采取任何行动之前,先数到十;要是极度愤怒的话,就数到一百。

盛怒之下若不用理性控制自己的行为,那么在伤害别人的同时,也会深深地伤害自己。切记,任何时候冷静处事,挽回的不仅是金钱和时间,有时候甚至是生命。

4

怒气不亚于一座"活火山",一旦爆发既会伤害到别人也会伤害到自己。同时,怒气又是一种奇怪的东西,只要给它一点时间,稍稍耐心地等一下,它就会自己溜走,但是一旦你给它行一个方便,它就能惹出更多的怒气,变得一发不可收拾。

怒气只能衍生出恶言恶语、争吵打骂,最后的结果必然是感情出现裂痕,友谊破裂,甚至"冤冤相报,无休无止"。这座"火山"喷发的火气只能灼伤自己,烧痛别人,周围的人和你结怨的结怨,无仇的有恨,无恨的远离,最终你将成为孤家寡人一个。

美国某个政党有位在政坛刚刚崭露头角的年轻候选人,为了以后可以得到更好的发展。托人把他引荐到一位资深的政界要人那里,希望这位政界要人能告诉他一些政治上取得成功的经验,以及如何获得选票。

但这位政界要人提出了一个条件,他说:"你每次打断我的说话,就得付我五美金。"

候选人说:"好的,没问题。"

"那什么时候开始?"政客问道。

"现在,马上可以开始。"

"很好。第一条是,对你听到对自己的诋毁或者污蔑,一定不要感到愤怒。随时都要注意这一点。"

"噢,我能做到。不管人们说我什么,我都不会生气。我对别人的话毫不在意。"

"很好,这是我经验的第一条。但是,坦白地说,我是不愿意你这样一个不道德的流氓当选的……"

"先生,你怎么能……"

"请付五美金。"

"哦!啊!这只是一个教训,对不对?"

"哦,是的,这是一个教训。但是,实际就是我的看法……"资深政客轻蔑地说。

"你怎么能这么说……"新人似乎要发怒了。

"请付五美金。"

"哦!啊!"他气急败坏地说,"这又是一个教训。你的五美金赚得也太容易了。"

"没错,又是一个五美金。总计十美金,你是否先付清钱,然后我们再继续谈?因为,谁都知道,你有不讲信用和喜欢赖账的'美名'……"

"你这个可恶的家伙!"年轻人发怒了。

"请付五美金。"

"啊!又一个教训。噢,我最好试着控制自己的脾气。"

"好,收回前面的话。当然,我的意思并不是这样,我认为你是一个值得尊敬的人物,因为考虑到你低贱的家庭出身,又有那样一个声名狼藉的父亲……"

第六章
人生的悲剧不是被人淘汰，而是被自己拖垮

"你才是个声名狼藉的恶棍！"

"请付五美金。"

其实这正是这个年轻人学会自我克制的第一课，他为此付出了高昂的学费。当然，要比所谓的每次打断谈话的"五美金"多太多了，那只是一个游戏罢了。实际上，他交给了这位老师上万美金的学费。但是作为一个想要在政界发展的人，这当然是值得的。然后，那个政界要人说："现在，就不是五美金的问题了。你要记住，你每发一次火或者对自己所受的侮辱而生气时，至少会因此而失去一张选票。当然，一般来说绝不会只少一张。对你来说，选票可比银行的钞票值钱得多。而且在我们这里，也不像别的国家，选票也不能用钱买来。"

情绪控制得好，可以将阻力化为助力，帮你解危化险、明晰事理，在山重水复处开辟一条通向成功的新路。情绪若处理得不好，便容易激动，产生一些非理性的言谈举止，轻则误事受挫，重则给他人造成心理创伤，既得罪了人又误了事。

生活有它自己的风景，正如我们内心的感受。人的一生那么长，不会一路都是风和日丽的美景。当遇到狂风暴雨时，希望我们如希尔所说的那样用自己的控制力摆脱困境，逃离险阻。只有掌握自己的情绪，你才能掌握命运的主动权。

贪婪,终将让你一贫如洗

贪婪人的心就像一个神秘的黑洞,无论什么东西装进去,都不会留下任何痕迹,而且他不断地更新着自己内心的欲望和目标。

1

伊索说过:"许多人想得到更多的东西,却把现在拥有的也失去了。"这可以说是对得不偿失最好的诠释了。人生太多的沮丧都是因为得不到想要的东西。其实,我们辛辛苦苦地奔波劳碌,最终的结局不都是只剩下埋葬我们身体的那点土地吗?

欲望是无止境的,我们有太多的需求,面对着太多的诱惑。然而,在我们满足欲望的同时,也会相对地迷失自己,并产生一种错觉,认为财富和地位就代表了一切。可是当一切都失去的时候,我们的精神就会张皇失措,无所依靠。

我们很多人就是过多地考虑利害得失,结果总是跟在欲望后面跑来跑去,两手空空地走完了自己的一生。知足者能够认识到无止境的欲望带来的痛苦。太贪婪了,欲望太强了,而其能力又有限,这样必然会导致可怕的后果。

俗话说,人心不足蛇吞象,这是关于贪心的一个形象比喻。一条蛇想要吞下一只大象,就像我们每天面对外部世界的诱惑,什么都想得到,偏偏我们精力有限,金钱有限,如果一味去追求,有可能让自己累倒在半路。就算有一座金山摆在眼前,我们能拿的,也只是自己拿得动的那一部分,不然不是在半路晕倒,就是在金山里饿死。不得不承认,以我们有限的生命和能力,追求不了那么多的东西,承担不了那么重的负担。

2

犹太人帕霍姆已经很富有了,但仍然不知满足。为了得到更多的土地,他去向巴什基尔人买地。巴什基尔人首领告诉他:"我们卖地不是一亩一亩地卖,而是一天一天地卖,在这一天时间里你能圈多大一块地,它就都是你的了。但是如果日落之前你不能回到起点,你就一寸土地也得不到。"

这天早晨,帕霍姆和一些巴什基尔人来到一个小山岗。帕霍姆出发了,他大步往前走着,觉得每块地都很好,丢掉可惜,就一直向前走去。抬头看看太阳,已到中午,天变得燥热起来。他边吃干粮边继续前进。天气热极了,但他仍然没有停止自己的脚步,心里想:辛苦一时,享用一世,再往前走几步吧。

又走出了很远很远,他抬头望望太阳,已经到了下午。"可是前边的那块地看起来很不错,把它也圈进来吧。"于是,他又继续前行。

终于,他不得不往回返了,可是回来的路上,他越走越吃力,但为了在太阳落山之前赶回去,仍然不断地加快步伐,就在太阳即将沉入地平线的一刹那,他离出发点只有不到一米的距离了,于是他使出最后的力气向前冲去。就在这时,他两腿一软,扑倒在地。仆人跑过来想把他扶起来,却发现他大口大口地吐着血,不一会儿就停止了呼吸!天气太热,仆人无法将他的遗体运回去,只好在附近的树林边上挖了一个坑,把帕霍姆埋葬了。帕霍姆圈到了望不到边际的一大片土地,最后需要的只是比他身体稍大点儿的一小块土地。

俗语云:"欲壑难填,做了皇帝想神仙。"欲之不剪就会使心如洪水猛兽,出手就穷凶极恶,显身就面目狰狞。所以,只能用智慧之剪去修剪欲望,才可保一世平安。

"人欲"是一切人类活动的起始,把握这个主宰一切的本源,将会获得无穷无尽的能量。人是欲望的产物,生命是欲望的延续。然而欲望的有效性与必要性是有限度的,满足不是绝对的,总有新的欲望会无休止地产生出来。由于欲望这种不知餍足的特性,欲望的过度释放会造成破坏的力量。

3

人生如同一条河流,有其源头,有其流程,当然也有其终点,而不管流程有多长,有多短,终究都会到达终点,流入海洋。那么在我们活着的时候,有什么欲望是一定非要满足不可的呢?为什么要让欲望恣意滋生呢?

人心里的欲望就像头发一样,总会向上生长。欲望是人痛苦的根源,因为欲望永远不能被满足。我们要做的是尽量将自己的生活简单化,减少对物质的过多依赖,简简单单的生活会让人觉得神清气爽。当然,我们不能要求每个人都做到清心寡欲,但至少我们可以在简化自己生活的过程中,减少自己的欲望。我们会明白,即使我们缺少一些东西,生活还是一样过得很好,甚至更快乐。

4

既然一个人的能力决定了他能获得什么,努力程度决定他能获得多少,贪心就成了一种自我折磨。就像小时候我们吃着糖果,如果总是想着没吃到的饼干,或者想着明天吃的蛋糕,目标太多,就会造成心理上的混淆,最后吃到嘴里的都不香甜。还有的时候,我们顾此失彼,不看自己手里的这个,而是紧盯着别人手里的,最后两边落空,自己难过。不如简单一点,专一一点,把握住自己眼前的东西,因为抓得住的永远比抓不住的重要,自己手里的总比别人手里的安全。

古时候有一位国王,他喜欢四处游玩。有一次,他和大臣出去游玩的时候,不小心把自己的一枚戒指弄丢了。这枚戒指上面刻着国王的名字,国王因此非常珍爱这枚戒指。丢了戒指的国王魂不守舍地回到了皇宫里。

他命人通告全国百姓,如果有人捡到他的这枚戒指,他会用巨额奖金奖赏此人。

一个卫兵看见了国王的这个通告,非常高兴,因为他刚好捡到了国王的这枚戒指。他本来想把这枚戒指交给自己的长官,因为长官经常出入皇宫。但是,他转念一想,如果把这枚戒指给了长官的话,戒指不知道什么时候才能递到国王的手里,而且有可能再次丢失。于是卫兵打定主意,要亲手把这枚戒指送到国王的手里。

卫兵带着戒指来到皇宫门外,守门的卫兵拦住了他的去路。卫兵把自己捡到戒指的事情告诉了守卫,守卫听完卫兵的话,又看了看戒指,于是就将卫兵放行了。卫兵走过长长的宫门,终于来到国王宫殿前。正当卫兵踏上宫殿前面的台阶时,一个大臣拦住了卫兵。他问道:"你是谁,要做什么?"

卫兵说:"我捡到了国王的戒指,要把戒指呈给国王。"

大臣听到这话,忽然微笑着对卫兵说:"你可以因此得到一大笔奖赏,是吗?"

卫兵说:"我不在乎这些奖赏,我只希望能把这枚戒指亲手交给国王,并且见他一面,这就是我无上的荣耀了。"

大臣听到卫兵这样说,眼珠子一转说:"你不看重金钱,实在难得。你知道吗,你如果要见到国王的话,必须要通过我。如果我不进去给你通报的话,你是见不到国王的。"

卫兵给大臣鞠了个躬说:"那么就麻烦您给我通报一声吧。"

大臣笑呵呵地说:"这是当然的,但我有一个条件,就是将你的奖金分一部分给我,你看怎么样啊。"

卫兵看着贪心的大臣,无可奈何地点头说:"可以,我会分一半给你的。"

但是,贪心的大臣并没有因此放下心来,他给了卫兵一张纸,让他在上面写下字据,因为他害怕卫兵反悔。于是卫兵在纸上写道:"无论我的奖赏是什么,都会分一半给大臣。"写完,两个人都在纸上签上自己的名字。

就这样,大臣领着卫兵去见了国王。国王看到失而复得的戒指,非常高兴。笑着对卫兵说:"你是一个诚实的小伙子,你说吧,要什么样的奖赏,要多少我都会给你的。"

卫兵笑着对国王说:"陛下,我什么奖赏都不要,我希望陛下能打我一百棍。"

面对这样的要求,国王非常奇怪,他说:"你捡到我的戒指,并送还了回来,我怎么能打你呢?"

卫兵坚定地说:"我真的什么奖赏都不要,只要您打我一百棍。"

国王不知道这个年轻人葫芦里卖的什么药,但国王还是决定满足年轻人的要求,打他一百棍。这时,卫兵指着大臣和国王说:"他要和我一起分担这一百棍,也就是说我们一人五十。"

国王非常奇怪地看着大臣,大臣在一边急得直跺脚。他对国王说:"这个人是个疯子,他在胡言乱语。"卫兵听到这样的话,就把自己和大臣在宫殿前面的对话说给了国王听,并且说:"我们立有字据,我在上面写,无论我得到什么样的奖赏,都分一半给大臣。"国王命令大臣将那份字据拿出来,大臣只好极不情愿地将字据交了出来。

国王看着字据微笑着说:"果然没有错,你只能接受这样的奖赏了。"

于是,大臣趴在地上结结实实地挨了五十棍,这个时候卫兵跟国王说:"陛下,我不是个贪心的人,所以我希望把我的那一份也送给这位尊敬的大臣。"

国王微笑着看着卫兵说:"你是个聪明勇敢的小伙子,你的这个提议非常好,我批准了,就把你应得的那份也送给他吧。"国王指着趴在地上的大臣说。看着大臣接受完惩罚,卫兵向国王道别。趴在地上被打得不能动弹的大臣,只好眼睁睁地看着卫兵离开皇宫。

因为贪婪,想不劳而获,想要分享别人的荣誉,这样的人到头来只能自己吃苦。拥有贪婪的欲望,最终伤害的只能是自己。别人的东西,永远是别人的,想方设法把别人的东西变成自己的,结果反而掉进了别人设置的陷阱,这都是贪婪惹的祸。

人生在世,不是说不能有欲望,欲望在一定程度上是促进社会发展和自我实现的动力。可是,除了生存的欲望以外,要有节制地预防其他欲望的侵害,时常提醒自己,要淡泊明志,只有内心干净,才不至于腐化变质。

拖延,正在消耗生命中余下的时光

对于每一个渴望有所成就的人来说,拖延是最具有破坏性的,它是一种最危险的恶习,会使人丧失进取心。一旦开始遇事推脱,就很容易再次拖延,直到变成一种根深蒂固的习惯。

1

深夜,危重病房里,癌症患者迎来了他生命中的最后一分钟,死神如期来到他的身边。

隔着氧气罩,他含糊地对死神说:"再给我一分钟,好吗?"

死神问:"你要这一分钟干什么?"

他说:"我要用这一分钟,最后一次看看天,看看地,想想我的朋友和敌人,或者听一片树叶从树枝上飞落到地上的那一声叹息;运气好的话,我也许还能看到一朵花儿的美丽盛开……"

死神说:"你的想法不坏,但我不能答应你。因为这一切,我都留了时间给你欣赏,你却没有珍惜。在你的生命中,我从来没有见过你像今天这样珍惜一分钟。不信,你看一下我给你列的这一份账单:

"60年的生命中,你有一半时间在睡觉,这不怪你,这30年权且算是我占了你的便宜。

"在余下的30年中,你叹息时间过得太慢的次数一共是1万次,平均每天一次,这其中包括你少年时代在课堂上、青年时期在约会的长椅上、中年时期下班前和壮年时期等待升迁的仕途上的叹息。在你的生命中,你几乎每天都觉得时间太慢,太难熬,你也因此想出了许许多多排遣无聊、消磨时间的办法,其明细账大致可罗列如下——

"打麻将(以每天2小时计),从青年到老年,你一共耗去了6500小时,折合成分钟是39万分钟。

"喝酒,每顿以1小时计(实际远非这个数),从青年到老年,也不低于打麻将的时间。

"此外,同事之间的应酬,上班时间闲聊,上网玩游戏,又耗去你不低于打麻将和喝酒的时间……

"还有……"

死神想继续往下念的时候,发现病人的生命之火已经熄灭了,于是长叹一口气说:"如果你活着时,能想着节约一分钟的话,你就可以听完我给你记下的账单了。真可惜,我辛辛苦苦地工作又白费了,世人怎么都是这样,总等不到我动手,就后悔死了!"

人们常说时间就是金钱,其实时间比金钱更为宝贵,因为金钱失去了可以再挣回来,而时间失去后便永远找不到它的踪影了。

2

曲仑登的司令雷尔叫人送信向恺撒报告,华盛顿已经率领军队渡过特拉华河。但当信使把信送给恺撒时,他正在和朋友们玩牌,于是他就把那封信放在自己的衣袋里,等玩完牌后再去阅读。读完信后,他才知大事不妙,等他去召集军队的时候,已经太晚了。最后全军覆灭,连他自己的性命也丧失在敌人的手中。就是因为数分钟迟延,恺撒竟然失去了他的荣誉、自由和生命!

命运常常是奇特的,好的机会往往稍纵即逝,有如昙花一现。如果当时不善加利用,错过之后就会后悔莫及。

在人的一生中,今天的行动是多么重要,只是寄希望于明天而不重行动的人,今天把事情推到明天,明天把事情推到后天,一而再,再而三,最终只会一事无成。

3

古人说得好:一寸光阴一寸金,寸金难买寸光阴。一切有远大志向的人都深深懂得时间的可贵,他们绝不拖延,因为拖延就是对自己的生命不负责。

但是很多人骨子里都有个坏毛病,喜欢搁置着今天的事不做,而想留待明天再做,而在拖延中所耗去的时间、精力,实际上已经足够将那件事情做好。对于一位成功者而言,拖延也许是最具破坏性最危险的恶习,它使你丧失了主动的进取心。一旦开始遇事拖拉,你就很容易再次拖延,直到它们变成一种根深蒂固的恶习。拖延会让生命大打折扣,而且它还具有积累性,想要克服拖延这个坏习惯,必须随时准备行动,因为只有你的行为,才能决定你的价值。

一些人总是习惯一直拖延,直到时代抛弃了他们,结果就被无情地甩到后面去了。所有事情成功的秘诀就在于养成凡事立即行动的好习惯,这样才可以站在时代潮流的前列。

看看那些取得过最佳成绩的人,他们从来不会把事务拖延到一起去集中处理,总是能够和拖延心理说不,做到今天的事情今天完成,坚持不让今天的事情“过夜”。

有这样一位英国年轻人,他的工作效率很低,始终得不到公司的重视和重用,也看不到一点点事业成功的希望,他整个人都快要崩溃了。于是,他决定去请教著名的小说家沃尔特·司各特。

一天早晨,年轻人来到沃尔特·司各特家里,他有礼貌地问道:“我想请教您,身为一个全球知名的作家,您每天是如何处理好那么多的工作,而且很快就能取得成功的呢?您能不能给我一个明确的答案?”

沃尔特·司各特并没有回答年轻人的问题,而是友好地问道:“年轻人,你完成今天的工作了吗?”年轻人摇摇头:“这是早晨,我一天的工作还没有开始呢。”沃尔特·司各特笑了笑,说道:“但是,我已经把今天的工作全部完成了。”

年轻人感到莫名其妙,沃尔特·司各特解释道:“你一定要警惕那种使自己不能按时完成工作的习惯——我指的是,拖延的习惯。要做的工作即刻去做,等工作完成后再去休息,千万不要在完成工作之前先去玩乐。如果说我是一位成功者的话,那么我想这就是我成功的原因。"

年轻人茅塞顿开,他回想起自己在工作上拖拖拉拉的行为,拜谢过沃尔特·司各特后匆匆地离开了。此后,他改变了拖延磨蹭的习惯,要做的工作即刻去做,一年后他成为所在公司的副总经理。

一日有一日的理想和决断,昨日有昨日的事,今日有今日的事,明日有明日的事。今日的理想,今日的决断,今日就要去做,一定不要拖延到明日,因为明日还有新的理想与新的决断。

4

喜欢拖延的人往往意志薄弱,他们或者不敢面对现实,习惯于逃避困难,惧怕艰苦,缺乏约束自我的毅力;或者目标和想法太多,导致无从下手,缺乏应有的计划性和条理性;或者没有目标,甚至不知道应该确定什么样的目标。另外,认为条件不成熟,无法开始行动也是导致拖延的原因之一。

有一个著名的美国将领名叫乔治·布林顿·麦克莱伦。他曾是西点军校优等生。科班出身的他善于充分准备。在南北战争时期,由于系统改造了北方军队的后勤使他名声大噪,最后被提拔为北方军总司令,还被誉为"小拿破仑"。

可是,新任将军在其后屡次被"不打无准备之仗"的理念所拖累。先是以准备不充分为由拒绝进攻而与总统闹僵,后来又由于过分谨慎不愿追击多次丧失胜利的机会。

1862年,在美国南北战争中一次决定性战役"安提坦战役"中,有一个绝佳的机会可以夺取里士满,但他犹豫再三,认定自己被南方军堵截而失去了机会。之后他再度踌躇不决,最终在兵力两倍于敌军的情况下错失全歼南方军队的机遇,战争因此又被拖延了三年才宣告结束。

他永远都在请求林肯给他新的武器,永远觉得没有足够的士兵,士兵们永远都不够训练有素,装备永远不够精良。林肯曾抱怨说:"如果麦克莱伦将军不想好好用自己的军队,我宁愿把他们都借给别人。"联邦军总将军亨利·哈列克则认为他:"有一种超越任何人想象的惰性,只有阿基米德的杠杆才能撬动这个巨大的静止。"这一切摧毁了军政界对麦克莱顿的信任,最终他被解除军职。

人应该极力避免养成拖延的恶习。受到拖延引诱的时候,要振作精神去做,绝不要去做最容易的,而要去做最艰难的,并且坚持做下去。这样,自然就会克服拖延的恶习。拖延往往是最可怕的敌人,它是时间的窃贼,它还会损坏人的品格,败坏好的机会,劫夺人的自由,使人成为它的奴隶。

拖延者喜欢被动地制造借口来取代合理的行动,还喜欢制造借口来为拖延分辩,或者把它掩饰过去。

拖延会让你变成一个厌倦生活的人。事实上,生活永远不会令人百无聊赖,但是现实生活中,很多人总感到一种无聊和厌倦。这很大程度上是因为你未能积极有效地利用自己现在的时间。拖延时间的人往往虚度光阴、无所事事,这样的生活状态必然让你感到厌倦生活。仔细想想,你手头上的很多工作压在桌上,你的身体逐渐发胖却毫无办法,你对这个城市一直心存反感,每天忙忙碌碌却丝毫体会不到人生的乐趣,这样的生活状态你能不厌倦吗?连死神听了都会皱眉头,拖延的你往往是忙于逃避痛苦而不是追求真正的快乐。

一刹那的胆怯,就放走了小幸运

失败的人不一定懦弱,而懦弱的人却常常失败。这是因为,一个懦弱的人总是忌惮压力的存在,所以,也害怕竞争。这样一来,在对手或困难面前,往往不能坚持下去,而是选择回避或屈服。

1

狮王年老体衰后,决定尽快选出一名继承人。

一天,狮王把三个儿子叫到跟前说:"在我眼里,你们三兄弟都一样聪明、善良,谁都可以继承王位,但王位只能传给你们其中的一人,所以,我决定让你们通过竞赛的方式,来公平争夺王位,胜者才能为王。"

三个儿子都同意了狮王的决定。

第二天,狮王在一帮大臣的簇拥下,带着三个儿子来到一处悬崖边,说:"我的王冠就放在这个悬崖的下边,你们谁敢从这里跳下去,王冠就属于谁。"

三个儿子惊呆了,因为它们从小就接受过父王这样的训诫:"你们千万不要到悬崖边去玩耍,万一不小心掉下去,肯定会摔得粉身碎骨!"

"父王,能否换个比赛的方式?这样跳下去,说不定你会失去所有的儿子。"狮王的大儿子跪在地上,满头大汗,战战兢兢地说。

"放肆!"狮王有几分恼怒了。

"父王,我自愿放弃王位,不参加这次比赛了。"二儿子说完,瘫倒在地上。

"唉!"狮王看着地上的两个儿子,禁不住失望地长叹一声。

"父王,我愿意跳下去。"三儿子说完,朝狮王跪拜了三下,便纵身跃下深不见底的悬崖。一天后,狮王的小儿子手捧王冠,回到了王宫。原来,悬崖的下面,狮王早已命人垫上了一层厚厚的干草,它此举只是为了试试儿子们的胆量而已。

人都有其懦弱的一面,聪明的人能够战胜内心深处的懦弱,获得向上的精神动力。勇敢是每一个人都需要的品质。在困境面前,能够克服自己的懦弱,勇敢地迎接挑战,才能获得命运的青睐。

2

美国最伟大的推销员弗兰克说:"如果你是懦夫,那你就是自己最大的敌人;如果你是勇士,那你就是自己最好的朋友。"

对于一个胆怯的人来说,任何事情在他眼中都是不可能的。就像是一个采撷珍珠的人,如果总是害怕海中的鲨鱼,怎能得到名贵的珍珠呢?事实也是如此,总是担惊受怕的人,不是一个自由的人,总会被各种各样的恐惧、忧虑包围。

我们可以想象,一个人由于懦弱的个性,被蒙住了心灵的眼睛,使得自己看不到前面的路,更看不到前方的风景,这是一件多么痛苦的事啊!正如法国著名的文学家蒙田所说:"谁害怕受苦,谁就已经因为害怕而在受苦了。"道理很简单,如果我们总是害怕某种情况会出现,其实就已经每时每刻生活在恐惧的威胁下了。

那些获得成功的人们,如果当初在一次次人生的挑战面前,因恐惧失败而退却,放弃尝试的机会,则不可能有所谓成功的降临。没有勇敢的尝试,就无从得知事物的深刻内涵,而勇敢地去做了,即使失败,也能获得宝贵的体验,从而在命运的挣扎中,愈发坚强,愈发有力,愈接近成功。

人生的道路坎坷曲折,每个阶段都不是一帆风顺的,在人生的道路上会有很多想象不到的困难和挫折。在困难和挫折面前,永远不要认输,锻炼自己战胜困难的胆量,风雨后,总会见到彩虹,那时的你,就会是人人尊敬的、有强大气场的人。

3

1833年10月21日,诺贝尔出生于瑞典首都斯德哥尔摩。父亲是一位建筑工程师,喜欢研究化学,制造炸药。

诺贝尔出生不久,家里遭受了一场火灾,损失很大。由于生活困难,父亲只身外出,先到芬兰,不久又到了俄国。在俄国时,他在机械和炸药方面的一些发明创造受到重视。老诺贝尔在那里开办了一个工厂。经济情况好转之后,父亲便把全家接到俄国圣彼得堡去了。

诺贝尔8岁时,曾进入斯德哥尔摩一所小学读书。他在该小学只学习了一年。这一年的小学生活,是诺贝尔一生中接受的唯一一次正规学校教育。据说,学校曾向他家里发出过这样的通知:"你的儿子诺贝尔,身体羸弱,上课时常头晕。除算术与图画两科勉强及格,其余均不及格,且天性乖僻。请自下学期起改送他校就读。"

诺贝尔上过一年小学后,一直在家里自学。到俄国后,由于语言不通,加上身体不好,再没有进学校读书。父亲给他和两个哥哥请了俄国家庭教师,除教授俄语、英语、法语、德语等语言外,还经常讲授一些科学技术方面的知识。诺贝尔对这些知识很感兴趣。15岁时,父亲让他到自己开办的工厂里做点事。诺贝尔对工厂的日常事务感到厌烦,却非常喜欢帮助父亲研制鱼雷和炸药。

1850年,诺贝尔到巴黎学习化学。一年后,他又被父亲送往美国学习机械。在四年学习期间,他参观了很多工厂,学到了很多自然科学知识。离开美国后,他还游历了德国、丹麦、意大利和法国。这时,他在自然科学和工程技术方面已经具备坚实的基础了。

1855年,彼得堡大学的两位教授前来诺贝尔工厂拜访,一位是著名的化学家、诺贝尔过去的家庭教师尼古拉·吉宁博士,另一位是药学家尤利·特拉普博士。他们恳请诺贝尔的父亲研制一种威力更大的炸药。很巧的是诺贝尔正在对此进行研究。吉宁博士见自己的学生进步这么快,非常高兴。他从皮箱内取出一个小瓶,里面装有一种油状液体,诺贝尔一看便知道那是硝化甘油。那时候见过这种易燃易爆物质的人并不多。它的发明人索布雷罗先生因实验时发生爆炸身受重伤,这之后就再无人敢继续研究了,但是诺贝尔却不畏艰险,不怕困难,准备继续研究。

父亲答应了吉宁博士的请求。从此诺贝尔便与硝化甘油结下了不解之缘。

由于俄国在克里米亚战争中战败,诺贝尔工厂因接不到军方的生产订单而告破产。1859年,诺贝尔的父亲离开圣彼得堡回到瑞典后,在斯德哥尔摩市郊的海伦涅堡建立了一个小型实验室,准备研究威力更大的炸药。

1863年,诺贝尔应父亲之召回到瑞典,同父亲一道研究新式炸药。但诺贝尔与父亲的思路恰好相反,他把硝化甘油作为爆炸物的主体,把黑色火药仅仅作为引爆的辅助因子。

炸药的研制工作是最具危险性的,诺贝尔为此研究付出了不小的代价。1864年9月3日,轰的一声巨响,从诺贝尔研究液体硝化甘油的实验室中发出爆炸声。在这次事故中,诺贝尔的5名助手和他的弟弟当场被炸死,而诺贝尔本人侥幸逃过此劫,但他的一只耳朵也被巨响震聋了。

面对失败,诺贝尔并没有退缩,反而更加坚定了他坚持到底的决心。他

第六章
人生的悲剧不是被人淘汰，而是被自己拖垮

把实验地点选到了位于郊外的马拉湖上的一艘平底船上，并把所有的设备搬到了那里继续他的研究工作。

诺贝尔按照自己的研究思路，终于发明了装有雷汞的雷管，用来引爆炸药。可是实践证明，硝化甘油长时间存放后会分解，受到强烈震动也会引爆。诺贝尔决心研究出更为可靠安全的炸药。风险与成功并存。有一天，轰的一声巨响，惊天动地，实验室笼罩在滚滚浓烟中，瓦砾横飞。

许多人闻声赶来，惊恐地叫道："诺贝尔完了！诺贝尔完了！"

正当人们惊魂未定时，诺贝尔却从烟雾弥漫的瓦砾堆中爬了出来，只见他满身灰尘，鲜血淋漓。他一跃而起，用血污的手指指着破碎的衣服，高兴得热泪盈眶。

他狂呼："我成功了！我成功了！"

这就是诺贝尔在1863年完成的第一项具有划时代意义的发明，即"诺贝尔专利炸药"，又称硝化甘油炸药。这一发明取得了瑞典、丹麦、英国等多个国家的专利证书。

1866年10月，经过上百次的失败后，诺贝尔终于制成了命名为"达纳炸药"的黄色固态炸药。"达纳"一词在希腊语中是"强力"之意。他在柏林东郊进行了黄色炸药的公开试验，并大获成功。随后，诺贝尔以他矢志不渝的精神研制和发明了雷汞炸药、安全炸药、无烟炸药等多种炸药，为人类作出了重大贡献。

诺贝尔一生致力于炸药的研究，共获得技术发明专利355项，并在欧美等五大洲20个国家开设了约100家公司和工厂，积累了巨额财富。

1895年11月27日，诺贝尔立下了一个独特的遗嘱，把自己一生的积蓄捐献出来当作基金，将其利息作为奖金，每年奖给世界上对物理、化学、医药学、文学和促进世界和平有特殊贡献的人。后来，又增加了经济学奖，这就是现在很多科学家为之骄傲的"诺贝尔奖"的由来。

世界上有能力的人很多,但是最后能获得成功的却有限,这是因为成功不仅仅需要能力,更需要勇气。一个人一生会遇到各种风雨坎坷,到最后都是对勇气的考验。那些敢于面对困难,充满勇气的人,就能冲出风雨见彩虹。而失去了勇气的人,则只能选择依附于别人。一个具有勇气的人,展示给别人的是乐观、不屈不挠以及面对问题积极思考的奋发精神。而这样的人,才会受到别人的喜爱和尊敬。

所有的偷懒行为都无异于自杀

人生的路程就是一次勤奋累积的过程,越是勤奋,所得到的越多,而懒惰只能让原来拥有的也慢慢荒废掉。

1

俗话说:"种瓜得瓜,种豆得豆。"天下没有不劳而获的事情,也就没有空手可得的成功。如果你想体味收获的喜悦,就不要羡慕别人的运气,就必须经得起长久付出与持续努力。

"一分耕耘,一分收获"的道理是永远不会变的。在成功的路上,人人都希望有捷径,能够付出最少的努力获得最大的收益,事实上这是不可能的事情。

第六章
人生的悲剧不是被人淘汰,而是被自己拖垮

有一个青年,20岁的时候,因为没有饭吃而饿死了。

阎王从生死簿上查出,这个青年应该有60岁的年寿,他一生会有1000两黄金的福报,不应该这么年轻就饿死。

阎王心想:"会不会财神把这笔钱贪污掉了呢?"于是他把财神叫来质问。

财神说:"我看这个人命格里的文才不错,如果写文章一定会发达,所以把1000两黄金交给文曲星了。"

阎王又把文曲星叫来问。

文曲星说:"这个人虽然有文才,但是生性好动,恐怕不能在文章上发达,我看他武略也不错,如果走武行会较有前途,就把1000两黄金交给武曲星了。"

阎王再把武曲星叫来问。

武曲星说:"这个人虽然文才武略都不错,却非常懒惰,我怕不论从文从武都不容易让他拿到黄金,只好把1000黄金交给土地公了。"

阎王再把土地公叫来。

土地公说:"这个人实在太懒了,我怕他拿不到黄金,所以把黄金埋在他父亲从前耕种的田地里,从家门口出来,如果他肯挖一锄头就挖到黄金了。可惜,他的父亲死后,他连锄头都没有摸过,就那样活活饿死了。"

最后,阎王大笔一挥判了两个字:"穷命。"然后把1000两黄金充公了。

这是一个流传在民间的故事,故事含有深刻的寓意,一个人拥有再大的福报和文才武略,如果不肯踏实勤奋地生活,都是无用的。

2

只有早起的鸟儿才会有虫吃,因为它比别的鸟儿更早起来,所以别的鸟儿拥有更多抓虫的机会,也拥有更多选择质量上好的虫儿的机会。早起的

鸟儿不仅有虫儿吃,还有可能成为一只开拓新征途的领路人。

因为早起的鸟儿受外界因素的干扰比较少,没有其他鸟儿对它的诱导,它可以按照自己的想法去开辟新的领域。虽然这个发现探索的过程会遇到很多崎岖坎坷,遇到问题也没有其他的鸟儿可以求助,只能依靠自己的力量去探索解决,但是它也因此得到很多经验教训,从而知道什么样的路是适合自己的。同时,它也在不断探索中提升了自己的素质和能力,具备了当"领头鸟"的能力,使自己的人生得到了升华。

从来就没有无需勤奋努力便能成功的天才。爱迪生说:"天才是百分之九十九的汗水加百分之一的灵感。"一句话道出了天才之为天才的真谛。大凡学有成者,无一不是勤奋刻苦的知识追求者。

3

大诗人杜甫与李白齐名,但是,小时候的杜甫与同龄的小孩相比,资质并不高,甚至还稍显逊色。

杜甫的爷爷杜审言曾经中过进士,是一位博学多才之人。由于杜甫的爸爸资质不高,无法继承杜审言"诗书传家"的事业,杜审言便将厚望寄托在了杜甫身上。

但是,事与愿违,杜甫继承了其父不高的天资和不太灵光的脑子。5岁的杜甫甚至不能背诵出一首短诗,而与他年龄相仿的许多小孩都能背诵10首以上的短诗。尽管爷爷日日伴读,但杜甫的文才还是左支右绌。终于有一天,爷爷的耐心到达了极致,他很生气地斥责杜甫天资愚笨,没有继承他的半点才学。

受到训斥的杜甫心里难过至极,但他并没有因此怀疑自己的智慧,他决定用苦读的方式来提高自己的阅读和背诵能力。此后,每天天刚蒙蒙亮,在杜家的小院里总会出现一个正在背诵诗歌的小孩的身影,那就是杜甫。

　　刚开始自学的杜甫感到十分吃力,一首短诗阅读多遍都无法理解其中的含义,他便选择死记硬背,他觉着背得多了,理解能力应该会有所提升。果不其然,当杜甫将整个身心都投入到阅读和背诵诗歌后,他发现自己对诗歌的领悟能力和记忆能力都有很大的提升。不久之后,他在一天内就能理解并且记住5首诗。这让全家人都惊诧不已,开始感慨这孩子超强的理解能力和记忆力。如此奋发图强一年之后,杜甫便能将300多首诗背得滚瓜烂熟,并且还常常将一些喜爱的诗歌默写下来以增强记忆。

　　12岁的杜甫,理所应当地成了家乡远近闻名的神童。杜甫的“神童”的荣誉,并不是与生俱来的,而是通过他自己的努力得到的。天才,是一分的天赋加上九十九分的努力。

　　人生是一个过程,重在拼搏,任何人,终点都是死亡,这是没有差别的。重要的是你的过程要怎样度过;想着每天享受,那么最终定会因为之前的享受而懊悔。一开始就习惯于拼搏的人,最终会陶醉在这个过程中,到老时说不定还能写下一本厚厚的回忆录来记录自己精彩的人生。

　　据说哈佛大学的图书馆昼夜都开放,即便凌晨4点也会有很多人在那里学习。在他们看来,一生实在太过短暂,想要知道更多的真理,就需要付出更多的努力,利用每一分每一秒。没有人应该浑浑噩噩地过日子,所有人都应该为了更好的生活而奋斗,可以是物质生活,也可以是一种精神境界;可无论是哪一种,你都要遏制自己懒惰的因子,这样你才能为自己创造出一个别样的世界。

4

　　一个人知识的多寡,和他的勤奋程度永远是成正比的,古今中外,凡在某一方面成大功、立大名的人,都是在某一方面勤于工作的人。一个在某方面勤于工作的人,不一定在某方面即有成;但不在某方面勤于工作的人,绝不会在某方面有成。此即是说,在某方面勤于工作,虽不是在某方面有成功的充足条件,而却是其必要条件。有人说:一个人的成功,要靠"九分汗下,一分神来"。

　　美国著名作家杰克·伦敦在19岁以前还从来没有进过中学。他的童年生活充满了贫困与艰难,他曾是一个把大部分时间都花在偷盗等勾当上的问题少年。然而有一天,当他拿起《鲁滨孙漂流记》时,他感到人生从此发生了变化。在看这本书时,饥肠辘辘的他竟然舍不得中途停下来回家吃饭。第二天,他又跑到图书馆去看别的书,另一个新的世界展现在他的面前——一个如同《天方夜谭》中巴格达一样奇异美妙的世界。

　　从这以后,一种酷爱读书的情绪便不可抑制地左右了他。一天中,他读书的时间达到了10~15个小时,从荷马到莎士比亚、从赫伯特·斯宾塞到马克思等人的所有著作,他都如饥似渴地读着。19岁时,他决定停止以前靠体力劳动吃饭的生涯,改成以脑力劳动谋生。

　　杰克·伦敦进入加利福尼亚州的奥克德中学后,不分昼夜地用功,从来就没有好好地睡过一觉。他用三个月的时间就把四年的课程念完,通过考试后,他进入了加州大学。

　　他怀着成为一名伟大作家的梦想,一遍又一遍地读《金银岛》《基督山伯爵》《双城记》等书,之后就拼命地写作。他每天写5000字,也就是说,他可以用20天的时间完成一部长篇小说。他有时会一口气给编辑们寄出30篇小说,但它们统统被退了回来。

　　后来,他写了一篇名为《海岸外的飓风》的小说,这篇小说获得了《旧金山呼声》杂志所举办的征文比赛头奖,但他只得到了20美元的稿费。五年后的1903年,他有6部长篇以及125篇短篇小说问世。他成了美国文艺界最为知名的人物之一。

杰克·伦敦的经历一点都不让我们感到惊讶,一个人的成就和他的勤奋程度永远是成正比的。试想,如果杰克·伦敦心甘情愿当个懒惰的小混混,而不是变得那么勤奋,对写作那样如饥似渴,他绝对不会取得日后的成就。勤奋是通往卓越的阶梯。如果你是一名懒惰者,那么,你就永远不会和卓越有任何关系。

古罗马有两座圣殿:一座象征勤奋,另一座象征荣誉。若想到达荣誉的圣殿,必须要经过勤奋的圣殿——勤奋是通往荣誉的必经之路。也有人试图绕过勤奋的圣殿获得荣誉,但最终被拒之门外。有一些人,有很好的天赋和理解能力,旁人都认为他们会取得成功,成为一个获得荣誉、被世人称赞的名人。但是,这种人往往凭借自己的天赋而忽略勤奋,最终止步于荣誉的圣殿。而那些看似愚笨、无出头之日的人,选择了笨鸟先飞和持之以恒,最后,顺利走进荣誉的殿堂,受到世人尊重。

第七章 未来不是取决于明天的机遇，而是取决于今天的态度

　　我们今天所做的一切，都是现场直播，永远没有彩排，也都会在将来不同程度地影响到自己的人生。

　　人生旅途中的艰难险阻就如同一阵阵惊涛骇浪，如果你失去了生活的动力，无疑，失败的浪花会马上淹没你的信心和勇气，而你就会无声无息地窒息于深邃的海水中。

金矿只有一步之遥,你再试一下

当我们为了一件事情绞尽脑汁也无济于事,似乎只能选择放弃的时候,也许它离成功只有一步之遥。很多时候,关键时刻再努力一下,就能拿到并开启成功之门的钥匙。

1

有这样一则故事曾在世界各地的淘金者中广为传诵。这个故事有着一个极其动听的名字,叫"距离黄金只有三英寸"。

几十年前,家住马里兰州的达比和他叔叔一起到遥远的美国西部去淘金。他们手握鹤嘴镐和铁锹不停地挖掘,几个星期之后,他们终于惊喜地发现了金灿灿的矿石。于是,他们悄悄将矿井掩盖了起来,回到家乡的威廉堡,开始筹集大笔的资金来购买采矿设备。

不久,淘金的事业便如火如荼地开始了。当采掘的首批矿石运往冶炼厂的时候,专家们断定,他们遇到的可能是美国西部罗拉地区储藏量最大的金矿之一。达比仅仅只用了几车矿石,便很快将所有的投资全部收回了。但是让达比万万没有料到的是,正当他们的希望在不断增加、对金矿的欲望不断膨胀的时候,奇怪的事情发生了:金矿的矿脉突然消失了!尽管他们继续拼

第七章
未来不是取决于明天的机遇,而是取决于今天的态度

命地钻探,试图重新找到金矿石,但是一切似乎终归徒劳,好像是上帝有意要和达比开一个巨大的玩笑,让他的美梦完全成为泡影。万般无奈之际,他们不得不忍痛放弃了几乎要使他们成为新一代富豪的矿井。

接着,他们将全套的机器设备卖给了当地一个收购废旧物品的商人,带着满腹的遗憾回到了自己的家乡罗克韦尔。

就在这对叔侄刚刚离开的几天后,收废品的商人突发奇想,决定去那口废弃的矿井碰一碰运气,为此,他还专门请来了一名采矿工程师。工程师只做了一番简单的勘探、测算便指出,前一轮工程失败的原因,是由于业主不熟悉金矿的断层线,所以误以为矿脉断了。真实的考察结果表明,更大的矿脉距离达比停止钻探的地方其实只有三英寸。这个故事的最终结果是,达比终其一生只是一名收入仅够养家的小农场主,而这位从事废品收购的小商人,一跃成为西部的巨富。

每一个成功的人都有这样的认识,获取成功并不是一件简单的事情,它需要不断地付出艰辛的努力。只要能够坚持,只要不屈不挠,其实成功只有一步之遥。

英国前首相丘吉尔曾说:“要看到日出,就要坚持到拂晓;要看到成功,就要坚持到最后。成功的秘诀就在于坚持。”著名剧作家莎士比亚也说:“千万人的失败在于做事不彻底,往往离成功还差一步便终止不再做了。”

2

几年前,40岁的米·乔伊因公司裁员,失去了工作。从此,一家6口人的生活全靠他打零工挣钱来维持,经常是吃了上顿没下顿,有时甚至一天连一顿饱饭也吃不上。为了找到工作,米·乔伊一边外出打工,一边到处求职,但所到之处都以其年龄大或者单位没有空缺为理由,将其拒之门外。然而,米·乔

伊并不因此灰心。他看中了离家不远的一家名为"底特律"的建筑公司,于是给公司老板寄去了第一封求职信。信中他并没有将自己吹嘘得如何有才干,也没有提出任何要求,只简单地写了这样一句话:"请给我一份工作。"

这家建筑公司的老板麦·约翰在收到这封求职信后,让手下人回信告诉米·乔伊:"公司没有空缺。"但他不死心,又给这家公司老板写了第二封求职信。这次他只是在第一封信的基础上多加了一个"请"字:"请请给我一份工作。"此后,米·乔伊一天给公司写两封求职信,每封信的内容都一样,只是在信的开头比前一封信又多加一个"请"字。

3年间,米·乔伊一共写了2500封信。这最后一封信有2500个"请"字,接着还是"给我一份工作"这句话。见到第2500封求职信时,公司老板麦·约翰再也沉不住气了,亲笔给他回信:"请即刻来公司面试。"

面试时,公司老板麦·约翰愉快地告诉米·乔伊,公司里有项很适合他的工作:处理邮件。因为他很有耐心。

当地电视台的一位记者获知此事后,专程登门对米·乔伊进行了采访,问他:为什么每封信都只比上一封信多增加一个"请"字?

米·乔伊平静地回答:"这很正常,因为我没有打字机,只能用手写。每次多加一个'请'字,是想让他们知道这些信没有一封是复制的,可以看出我的决心和诚意。"

这位记者又问公司老板:为什么录用了米·乔伊?

老板麦·约翰不无幽默地回答:"当你看到一封信上有2500个'请'字时,你能不受感动吗?"

成功离不开坚持不懈的追求,很多人之所以不成功,不是因为他们不够努力,而是因为他们不能持续努力下去。成功,有时候也许只是多努力一次而已。

3

每一个成功的人都有这样的认识,获取成功并不是一件简单的事情,它需要不断地付出艰辛和努力。只要能够坚持,只要不屈不折,就一定能采摘到胜利的果实。

约翰逊只是一名普通的美国黑人,可是他决定组织一系列以"假如我是黑人"为题的文章创办《黑人文摘》。在这本杂志中,他决定请白人站在黑人的角度,以严肃的态度来看待肤色、人种这一问题,进而考虑自己假如处在这种地位会实实在在地做些什么事情。在鸣鼓开锣的人选上,约翰逊也有了自己的想法,他觉得如果请罗斯福总统的夫人埃莉诺来写这样一篇文章是最好不过了,于是便给她写了一封信。

罗斯福夫人给约翰逊回了信,说她太忙,没有时间写。但是约翰逊觉得,罗斯福夫人没有完全回绝自己便是给了自己一个机会,因此,过了一个月,他又给她写了一封信。而罗斯福夫人的回信还是说自己太忙。约翰逊见她仍然没有完全拒绝,当然不会轻易放弃,他每过一个月就给她写一封信。而她总是说连一分钟空闲时间都没有。

约翰逊想:她没有说不愿意写,只是说她实在太忙,所以我推测,如果我继续写信求她写,总有一天她会有时间的。最后的转机来了,约翰逊在报上看到罗斯福夫人在芝加哥发表谈话的消息,就决定再试一次。他拍了一份电报给她,问她是否愿意趁在芝加哥的时候为《黑人文摘》写那篇文章,结果他成功了。

罗斯福夫人收到约翰逊的电报时,终于被他的真诚感动了,她说自己正好有一点空闲时间,就把她的想法写了出来。这个消息传了出去,全国都知道了。直接的结果是,这本杂志的发行量在一个月之内由5万份猛增到15万份。这件事是约翰逊在事业上的一个转折点,他的《黑人文摘》从此在美国出了名。

因此，我们不要轻易说，自己已经尽力。看看曾经站在同一起跑线上的人，他们是不是已经远远把你落下，如果有人走在你的前方，你就应该相信你也可以再多走一步，再多试一次。也许，仅仅是这一步，就让你悄然蜕变。

不行动，你怎么断言自己的想法是错的

人的一生应该是有思想地活着，但思虑绝不是人生的目的；决定人生价值的不仅是人的美好思想，更重要的是行动。行动决定一切，行动才是首要的。

1

某个教堂因为来了很多老鼠，所以养了一只猫。这只猫特别能干，很会抓老鼠，于是老鼠的数量不断减少。后来，老鼠们只好天天躲在洞里，不敢轻易外出。无奈之下，老鼠大王组织召开了一个老鼠会议，紧急商讨怎样对付这只猫。

老鼠们个个都很聪明，想到了很多独特的方法。有的老鼠建议研究一种毒药，悄悄放到猫的食物里；有的老鼠想出用黄油烫死猫的方法；还有的老鼠提议，一起出洞咬死猫……大家各抒己见，可是都不是上上策，都不能保证既消灭了猫，又能保住性命。

这时,一只号称最聪明的老鼠站起来,提议道:"猫的武功太高强,硬拼我们不是它的对手,不如用防。我们在猫的脖子上系个铃铛,这样,以后我们只要听到铃铛的声音,就知道猫来了,赶快逃跑,我们就再也不用担心被猫抓到了!"

"好办法,好办法,真是个聪明的主意!"老鼠们欢呼雀跃起来。老鼠大王当即批准了这个方案,并宣布:"咱们就用系铃铛的方案对付猫,现在开始落实。有谁愿意接受这个任务?请主动报名吧。"

等了好久,会场里一片寂静。年纪大的老鼠们首先打破了寂静:"我们老眼昏花、腿脚不灵,最好找个身强体壮的。"而身强体壮的老鼠说:"我们平时要给大家找食物,要是我们被抓去了,你们的处境不是更糟,还是找小老鼠吧,他们机灵,跑得快。"而小老鼠们则纷纷说:"我们年轻,没有经验,怎能担当如此重任呢?"

结果,老鼠们仍然战战兢兢地生活着……

不得不承认这是一群非常聪明的老鼠,它们能够集思广益,想出要给猫系铃铛的好方案。可是,光想没有用,还得把这些付诸现实。尽管这个方案很完美,但是没人去做,也就没有任何意义。结果,这群看似聪明的老鼠只能像以前一样,战战兢兢地生活。

2

20世纪上半叶,飞行还处于螺旋桨式的小飞机时代,这类机型不仅无法长时间飞行,而且运载量低,故障率也高。美国环球公司为了发展航空科技,特别举办了一个有关航空的征文,主题是"我心目中的未来航空"。

其中,有位参赛者名叫海伦,非常热爱飞行,对航空更是充满憧憬,她认真地写下自己的梦想:"……到了1985年,喷射飞机里将能载运300位热爱天空的乘客,而且最高时速可达700英里,总航程可达5000万英里。有的飞机能自由降落,也能在大楼平台上紧急降落,而我们更可以乘坐飞机,很快地到达世界的各个角落游玩,像美丽的夏威夷或埃及的金字塔。这样旅程缩短了,生命时间也加长了!"充满想象的海伦,还对机场的设施与导航设备等都做了预测。

然而,如此大胆的想象却不被人们看好,甚至当时的专家学者也认为这根本不可行。于是,海伦的"伟大想象"就这么被弃置了,没有人在意这份充满创意的"梦想"。

直到40年后,创意部门在整理档案时,统计出这些40年前的作品,一共有13000份。

大家在一一整理阅读时却发现,这些作品多数明显保守与缺乏创意,直到他们看见海伦的答案时才为之眼前一亮。

因为,当年她所"梦想"的,如今都已经实现了,而且几乎一模一样。大家为之惊奇不已,也对海伦由衷敬佩。

经过一番寻找,他们终于找到了海伦,当时她已经80多岁。公司带来了5万美元,作为迟到的奖励。

海伦通过她对飞行的了解与热爱,构建出对未来航空的憧憬。如果她的大胆想象获得当时评审者的青睐,并给予重视的话,海伦的梦想,也许不必等到40年后才实现。

有句俗话是这么说的:"不怕做不到,只怕想不到。"当然,很多时候灵光一现的创意确实弥足珍贵,能给人们的成功带来意想不到的效果。然而,想法终究只是存在于脑海里,没有行动就只是纸面文章,一脑子空想而已。因此上面的话也可以这么说:"知道不如做到,想到更要做到。"

3

2008年,麦当劳已在全世界的121个国家和地区开设了3万多家分店,年营业额235亿美元,被称为"麦当劳帝国"。它能有今天的成功,完全有赖于创始人雷蒙·克罗克遵循的"一旦决定了就赶快行动"的准则。

美国的麦当劳餐厅在创办初期只是一家经营汉堡包的小店,由于麦当劳兄弟把汉堡包做得非常好吃,生意非常红火。然而,随着规模越做越大,小店的管理却越来越乱。

1954年的一天,雷蒙·克罗克驾车去一个叫圣贝纳迪诺的地方。他看到许多人在一个简陋的餐馆前排队,于是也停下车走了过去。

看到人们买了一袋袋的汉堡包,纷纷满足地笑着回到自己的汽车里,雷蒙·克罗克很好奇,于是上前看个究竟,原来那是一家经销汉堡包和炸薯条的快餐店,生意非常红火。

当时的雷蒙·克罗克52岁了,还只是一位纸杯和混拌机的推销商,并没有自己的企业,他一直在寻找自己事业的突破口。他知道,快节奏的生活方式就要到来,这种快餐的经营方式代表着时代的方向,大有可为。于是他毅然决定经营快餐店。克罗克马上与麦当劳兄弟洽谈。由于麦当劳兄弟的管理模式很乱,他们非常愿意支持克罗克成为麦当劳在全美唯一的特许经营代理商。1955年,克罗克成立特许经营公司——麦当劳公司系统公司(1960年改名为麦当劳公司)。

雷蒙·克罗克搞快餐业的决策遭到了家人及朋友的一致反对,他们都说:"你疯了,都50多岁了还去冒险?"

雷蒙·克罗克觉得决定大事时,应该考虑周全,可一旦决定了,就要一往无前、赶快去做。行与不行,结果会说明一切,最重要的是行动。

谈下特许经营代理权之后,雷蒙·克罗克马上投资筹建他的第一家麦当劳快餐店,经过几十年的发展,雷蒙·克罗克取得了巨大的成功。人们把他与名震一时的石油大王洛克菲勒、汽车大王福特、钢铁大王卡内基相提并论。

行动的力量是巨大的,有时候它可以把人们一贯认为的"不可能"变成可能。你常常会听到这样一句话:"心动不如行动。"说得一点都没有错。行动是成功的必经之路,假如你连行动的前提都没有,那就更谈不上成功了。不管是什么样的道路,都要有一个开始,行动就是赋予成功的那个开始。

4

哥伦布还在求学的时候,他偶然间读到了一本毕达哥拉斯的著作,知道了地球是圆的,他将其牢记在脑子里。

而在经过很长时间的思索与研究以后,他大胆地提出,如果地球真是圆的,他便可以经过极短的路程到达印度。自然,许多有常识的大学教授和哲学家们都嘲笑他的意见。

还有很多人对他所说的意见都不同意,而且他们还告诉他:地球不是圆的,而是平的,然后又警告道,他要是一直向西航行,他的船也就有可能会驶到地球的边缘而掉下去……这不是等于走上自杀的路途上去了吗?

但是哥伦布在这个时候并没有因为其他人的看法而放弃自己的推论,因为他对这个问题很有自信,只可惜他家境贫寒,没有钱让他实现这个冒险的理想。他想从别人那儿得到一点钱,助他成大事,但是当时他们在那里一连空等了17年,非常失望。他在那个时候,就决定自己采取行动,不再这样空等下去,于是启程去见西班牙女王伊莎贝拉,穷困得沿途只能以乞讨糊口。

在他述说之后,女王非常赞赏他的理想,并答应赐给他船只,让他去从事这种冒险的工作。

但是让他为难的是,那些水手们都很怕死,没人愿意跟他同去,于是哥伦布鼓起勇气跑到海滨,捉住了几位水手,先是劝告,接着哀求,到了最后甚至用恫吓的手段逼迫他们去。

另一方面他请求女王释放那些狱中的死囚,承诺他们如果冒险成功了,可以免除他们的刑罚恢复自由。

等一切准备妥当以后,1492年8月,哥伦布率领三艘帆船,开始了一次划时代的航行。

他们刚开始航行了没几天,就有两艘船破了,接着又在几百平方公里的马尾藻中陷入了进退两难的险境。这个时候,他亲自率领水手们拨开海藻,这样他们才得以继续航行。

他们就这样在浩瀚无垠的大西洋中航行了六七十天,看不见一点大陆的踪影,水手们都失望了,他们要求返航,否则就要把哥伦布杀死。而哥伦布鼓励和高压的方法并用,最终说服了那些船员。

天无绝人之路,在他们继续向前驶进的时候,哥伦布忽然看见到有一群飞鸟正在向西南方向飞去,他立即命令船队改变航向,紧跟着这群南去的鸟。

因为他明白海鸟总是飞向有食物和适于它们生活的地方,所以他预料到附近可能有陆地。哥伦布就这样一直跟着这群鸟,果然很快发现了美洲的陆地。

如果哥伦布还像以前一样再等下去,一定会一生蹉跎,"空悲切,白了少年头",美洲大陆的发现者可能也改换他人了。成大事者的桂冠也永远不会属于他。但哥伦布最终成了英雄,而且从美洲带回了大量黄金珠宝,并得到了女王的奖赏,以新大陆的发现者而名垂千古。

很多时候,我们无法实现自己的理想是因为我们总是在等待"万事俱备"的时机。

当一只脚陷入了"万事俱备再行动"的泥潭时,我们会犹豫不决、顾虑重重,总是拿不定主意,时间就这么一分一秒地浪费掉了。其实世界上永远不可能有完美的事情,不可能有绝对完美的时机,如果我们凡事都要等到"万事俱备"后再开始行动,那么就永远不会有开始的可能。等待"万事俱备"会让你不能迅速、准确、及时地解决问题,到最后只会一无所成。

优秀的人找方法,失败的人找借口

失败的借口有很多,但成功的原因却只有一个,那就是为达到目标不懈地努力和奋斗。因此,不管在今后的生活和工作中会出现什么样的问题,我们切不可总是千方百计寻找一些主观或客观原因,因为依赖借口只会断送自己的成功。

1

英国成功学家格兰特纳说过这样一段话:"如果你有自己系鞋带的能力,你就有上天摘星的机会! 让我们改变对借口的态度,把寻找借口的时间和精力用到努力工作中来。因为工作中没有借口,人生中没有借口,失败中没有借口,成功也不属于那些寻找借口的人。"面对困难和挑战,你习惯找借口还是习惯找方法,决定了往后能否成功。成功者千方百计,失败者千难万难。一个人,如果只会找借口的话,那这个人是永远不会成功的。

一个富人见一个穷人很可怜,发善心想要帮他致富。富人送给穷人一头牛,嘱咐他好好开荒,等春天来了撒上种子,秋天就可以远离贫穷了。

穷人满怀希望地开荒,可是没过几天,日子却比过去还难以维持,因为牛要吃草,人要吃饭。穷人盘算着:不如把牛卖了,这样的话,可以换一些钱来买几只羊。这样不仅可以先杀掉一只羊大饱口福,剩下羊的还可以生小羊,长大了再拿去卖,可以赚更多的钱。

穷人将计划付诸了行动,只是当他吃了一只羊之后,小羊迟迟没有生下来,日子又艰难了。他忍不住又吃了一只。日子仍然很艰难,穷人看到这种情况,又开始动摇了,心想不如把羊卖了,换成鸡,鸡生蛋的速度要快一些,鸡蛋可以马上赚钱,日子立刻可以好转。

穷人又将计划付诸了行动,但是日子不但没有变化,反而越发艰难了。他又忍不住杀鸡,在只剩下一只鸡时,穷人的理想彻底破灭了。穷人心想:"唉,我这辈子致富无望,还不如把鸡卖了,换一壶酒,三杯下肚,万事不愁。"

很快春天来了,发善心的富人兴致勃勃地来送种子,赫然发现穷人正就着咸菜喝酒,牛不见了,他家里还是一贫如洗的样子。

失败者之所以失败,就在于他们面对困难总是千方百计地找借口,而不是找方法。借口就是一个推卸责任、掩饰弱点的"万能器",如果你总是把宝贵的时间和精力放在了如何寻找借口上,那么你就会忘记自己的义务和责任;借口还是一张敷衍别人、原谅自己的"挡箭牌",它会扼杀你的创新精神,让你一而再、再而三地去品尝它,它会逐渐地让你变得心虚、懒惰。遇到困难就退缩,最终毁灭你的自制力,使你变得堕落、丧失信心、失去成功。

2

生活中,谁都可能遇到困难,遇到一些难以轻松跨过的坎儿。有的人习惯于面对困难想办法克服,绞尽脑汁也要找到解决的办法。而有的人则习惯于寻找借口。但借口只能让人逃避一时,不能让人如意一世,结果,他为自己找到了借口,却失去了别人的信任。

失败者把整天时间花在找借口上,为此他失败了;而成功者相反,他们把大部分时间花在研究如何获得成功上,不断地寻找方法,所以他成功了。

作为曾经的华人首富,李嘉诚的名字可谓家喻户晓。他之所以能成为首富,也并非没有规律可循:从打工的时候起,他就是一个找方法解决问题的高手。

李嘉诚的父亲是位老师,他非常希望李嘉诚能够考个好大学。然而,父亲的突然去世,使得这个梦想破灭了:家庭的重担全部落到了才十多岁的李嘉诚身上,他不得不靠打工来维持整个家庭的生存。

他先是在茶楼做跑堂的伙计,后来应聘到一家企业当推销员。干推销员首先要能跑路,这一点难不倒他,以前在茶楼成天跑前跑后,早就练就了一副好脚板;可最重要的,还是怎样千方百计把产品推销出去。

有一次,李嘉诚去推销一种塑料洒水器,连走了好几家都无人问津。一上午过去了,一点收获都没有,如果下午还是毫无进展,回去将无法向老板交代。

尽管推销不顺利,他还是不停地给自己打气,精神抖擞地走进了另一栋办公楼。他看到楼道上的灰尘很多,突然灵机一动,没有直接去推销产品,而是去洗手间,往洒水器里装了一些水,将水洒在楼道里。十分神奇,经他这样一洒,原来很脏的楼道,一下变得干净起来。这一举动,立即引起了主管办公楼的有关人士的兴趣,一下午,他就卖掉了十多台洒水器。

李嘉诚这次推销为什么成功了呢?原因在于他把握了一个推销的诀窍:要让客户动心,就必须掌握他们如何受到影响的规律:"听别人说好,不如看到怎样好;看到怎样好,不如使用起来好。"老讲自己的产品好,哪能比得上亲自示范、让大家看到使用后的效果呢?

在做推销员的整个过程中,李嘉诚都注意重视分析和总结。在干了一段时期的推销之后,公司的老板发现:李嘉诚跑的地方比别的推销员都多,成交量也最多。

他是如何做到这点的呢?

原来,他将香港分成几片,对各片的人员结构进行分析,了解哪一片的潜在客户最多,有的放矢地去跑,重点攻击,这样一来,他获得的收益自然要比别人多。

在谈到成功的经验时,李嘉诚说:"我之所以能有这样的发展,都源于我凡事都愿意找方法解决。我认识很多企业界的成功人士,从他们身上我发现了一个共同的规律:最优秀的人,往往是最重视找方法的人。他们相信凡事都会有方法解决,而且是总有更好的方法。"

3

"没有任何借口"是西点军校奉行的最重要的行为准则,它强化的是每一位学员想尽办法去完成每一项任务,而不是为没有完成任务去寻找借口,哪怕看似合理的借口。其目的是为了让学员学会适应压力,培养他们不达目的不罢休的毅力。它让每一个学员懂得:工作中是没有任何借口的,失败是没有任何借口的,人生也没有任何借口。

"没有任何借口"看起来似乎很绝对、很不公平,但是人生并不是永远公平的。西点就是要让学员明白:无论遭遇什么样的环境,都必须学会对自己的一切行为负责!学员在校时只是年轻的军校学生,但是日后肩负的却是自己和其他人的生死存亡乃至整个国家的安全。在生死关头,你还能到哪里去找借口?哪怕最后找到了失败的借口又能如何?"没有任何借口"的训练,让西点学员养成了毫不畏惧的决心、坚强的毅力、完美的执行力以及在限定时间内把握每一分每一秒去完成任何一项任务的信心和信念。

当人们陷于某种困境时，周围的一切似乎都与自己为敌，这个时候，若是一味躲避，解决不了任何问题，反正也没有什么可失去的，还不如努力想想怎样扭转现状实在。强者和弱者的分别正在于此。一个有勇气直面困难的人才算是勇者，才会成为强者；一个只会躲避的人永远都无法超越自己，更得不到理想中的成功。

失败者之所以失败，就在于他们面对困难总是千方百计地找借口，而不是找方法。借口就是一个推卸责任、掩饰弱点的"万能器"，如果你总是把宝贵的时间和精力放在了如何寻找借口上，那么你就会忘记了自己的义务和责任；借口还是一张敷衍别人、原谅自己的"挡箭牌"，它会扼杀你的创新精神，让你从此变得消极颓废；借口更是鸦片，让你一而再、再而三地去品尝它，它会逐渐地让你变得心虚、懒惰，遇到困难就退缩，最终毁灭你的自制力，使你变得堕落、丧失自信、失去成功的机会。

4

上帝对每个人都是公平的，虽然福勒家境不好，但是他却有一个伟大的妈妈。一天，妈妈对小福勒说："福勒，我们不应该贫穷。我不愿听到你说，我们的贫穷是上帝的意愿。我们的贫穷不是由于上帝的缘故，而是因为你的父亲从来就没有产生过致富的愿望。我们的家庭中任何人都没有产生过出人头地的想法。"

妈妈的一席话让福勒受益匪浅，甚至可以说是改变了他的一生，让他彻底摆脱了贫穷的阴影，走上了一条成功之路。

"我要致富"的想法深深地植根于他的内心，从此以后，他不再抱怨上帝，他觉得是自己没有努力。他记住"我要致富"的理想，只为了这个坚定的

第七章
未来不是取决于明天的机遇,而是取决于今天的态度

信念,他开始了自己艰辛而又坎坷的追梦之路。

一开始,为了以后经商和致富能有更多的经验,他在零售百货店里当了三年推销员,从小伙计开始做起。在当推销员的三年里,他不断地去调查和了解市场,看看哪些商品最畅销,消费者习惯买什么样的商品,在调查的过程中,他还结识了很多顾客。就这样,慢慢地,他开始决定自己创业,并把肥皂作为经营的产品。

另一段旅程又要开始了,他拿着肥皂挨家挨户地进行推销。期间,吃了不少的"闭门羹",也受到很多的谩骂和讽刺,但是在困难面前,他仍然没有退缩,遇见问题就想着怎么解决,没有抱怨,没有寻找借口,就这样,转眼间十几年过去了,虽然家里的生活一天天改善,但他并没有想停止的意思。他想获得更大的成功。

功夫不负有心人,一次,他听说有一个供应肥皂的公司要被出售,他们的出价是15万美元。在这么多年的推销生涯中,他才攒了2.5万美元,可是他非常想买下这个公司。资金不够而且差这么多怎么办?他想了一下:也许凭借自己这么多年在推销中认识的客户和朋友,可以借一点钱缩小差距,况且自己赢得了那么多客户的信任和赞赏。于是,他开始行动起来,他亲自上门向这些客户要贷款,同时靠自己的朋友支援。在几天时间里,他又筹集到了10万美元,还差2万多美元就可以达到目标了。他心急如焚,实在想不出什么办法了。

望着窗外的夜景,他沉默了。最后的2万多美元怎么办?他看着看着,突然发现,透过窗子,可以看到一束光,那里正是61号大街一幢大楼的一间办公室。他想这个人一定还在办公室,要不然找他借2万美元?没时间考虑了,他立即起身去了那间办公室。

他径直走向办公室,敲门之后才发现这是一个承包商事务所,里面确实有一位疲惫不堪的人在办公。福勒很勇敢地向那位疲惫不堪的人表明自己的来意,然后直截了当地问道:"你想赚1000美元吗?"令他惊喜的是,双方很

快达成了协议。

福勒兴奋极了,他终于按时拿到收购肥皂公司的合约了。很快,在他的经营下,公司迅速壮大。而后,福勒一鼓作气收购了7家公司,包括4个化妆品公司、1个袜子公司、1个标签公司和1家报社,拥有了股份和控制权。母亲的希望和福勒的梦想一步步变成了现实!

就像福勒妈妈说过的那样:"我们是贫穷的,但这并不是由于上帝的缘故,而是因为你的父亲从来没有产生过致富的愿望。在我们的家庭中,从来没有一个人想到要出人头地。"每个不凡的人一定有着常人难以比拟的坚强和勇敢,不管你面前是怎样的困难,你都应该知道拼搏总不会比现在的境遇更差。

不给自己找借口,就是不错过任何一次成功的机会,珍惜每一天所取得的进步,并时刻提醒自己,应该寻找成功的机会,绝对不要用"这件事成功的概率太低"为借口,让懒惰占了上风,让机遇从身边溜走。要抓住机遇,首先要敢于实践,不要害怕失败,同时也要勤于思考,甘于现状的人永远无法发现机会。一旦发现机会,就必须抓紧每一秒钟,迅速采取行动;停滞、犹豫、观望、徘徊都会有可能让机会稍纵即逝,让自己后悔莫及。

因此,在生活中我们要牢记:借口是失败的温床,它只会令人背离成功。所以,无论生活还是工作,我们都不要给自己找借口,在困难与失败面前要毫不懈怠,坚持每天进步一点点,在发现机会的时候,全力出击,相信将来非凡的成就必将属于我们。

挖一口属于自己的井而不是挑几百次的水

一个人要走自己的路,本身没有错,关键是怎样走;走自己的路,让别人说,也没有错,关键是选择的路、选择走路的方式是否合适。不过,我们要永远记住:选择,永远比走上道路以后的努力更重要。

1

对于我们而言,往往改变一个选择就能够让我们的未来面目全非。命运的千万种未来虽然不可预知,但是我们却因为选择的不同而到达不同的彼岸。

曾看到这样一个故事。

三个不同国籍的人被关进监狱三年,监狱长许诺满足他们每个人提出的一个要求。美国人选择了三大箱上品雪茄,法国人选择了一个美丽的妙龄女子,犹太人选择了一部能与外界沟通的电话。

三年过去了,第一个冲出来的美国人浑身插满了雪茄,大声喊道:"给我火,给我火!"接着,法国人手里抱着个小孩领着一个小孩和那位美丽的女子出来了,女子肚子里还怀着一个小孩。最后出来的则是犹太人,他紧握住监狱长的手说:"由于您给我的电话,这三年间我天天与外面保持联系,我的生意不但没有停滞,而且还增长了200%!"

你今天在做什么,决定了你明天不用做什么和可以做什么。在这个世界上,通向成功的道路何止千万条,但你要记住:所有的道路,都不是别人给的,而是你自己选择的结果。你有什么样的选择,也就会有什么样的人生。

2

命运是可以选择的,每个人都有选择的自由。你选择了什么样的人生道路,决定了你享有什么样的人生。

人,有的可以永远做自己生活的主人,有的却永远成了自己生活的奴隶。希望、绝望,可爱、可恨,积极、消极,自信、自卑……这所有的一切都要归结于你自己的选择。

在美国,有一个年轻人,他在一个环境很差的贫民窟里长大。他的童年缺乏教育和指导,跟别的坏孩子学会了逃学、破坏财物和吸毒。他刚满12岁就因抢劫一家商店被逮捕;15岁时因为企图撬开办公室里的保险箱,再次被逮捕;后来,又因为参与对邻近一家酒吧的武装抢劫,作为抢劫犯第三次被送入监狱。

一天,监狱里一个年老的无期徒刑犯看到他在打棒球,便对他说:"你是有能力的,你有机会做些有意义的事,不要自暴自弃。"

年轻人反复思索老囚犯的这番话,作出了决定:虽然他还在监狱里,但他突然意识到他有一个囚犯能拥有的最大自由——他能够选择出狱之后干什么;他能够选择不再成为恶棍;他能够选择重新做人,当一个棒球手。

后来,这个年轻人成了明星赛中底特律老虎队的队员。底特律棒球队当时的领队马丁在友谊比赛时访问过监狱,由于他的努力使这个年轻人假释出狱。不到一年,这个年轻人就成了老虎队的主力队员。

这个年轻人尽管曾陷入生活的最低潮,尽管曾是被关进监狱的囚犯,然而,他认识到真正的自由是什么。这种自由我们人人都有,它就是选择改变的自由。

在这个世界上,通向成功的道路何止千万条,但你要记住:并不是每条路都适合你去走。你必须先选择一条正确的路,然后努力前行,最终才能有丰盈的人生。今天的现状是你几年前选择的结果,你今天的选择决定你几年后的生活。

3

很多人的成功或失败,并不取决于他知不知道做事的方法,虽然方法很重要, 但真正决定成败的往往是他的选择。草率的选择会给你带来无穷后患,三思而后行则能让你的收获更多。

成功是一种选择,你选择了奋斗和坚持就是选择了成功;从某种意义上说,不作这个选择便是选择失败,一旦选择了失败,即使你再努力也无济于事。

有一个非常勤奋的青年,很想在各个方面都比身边的人强。但经过多年的努力,他仍然没有长进,所以很苦恼,就向智者请教。

智者叫来正在砍柴的三个弟子,嘱咐说:"你们带这个年轻人到五里山,打一捆自己认为最满意的柴。"年轻人和三个弟子沿着门前的大江,直奔五里山。等到他们返回时,智者正站在原地迎接他们。年轻人满头大汗、气喘吁吁地扛着两捆柴,蹒跚而来;两个弟子一前一后,前面的弟子用扁担左右各担四捆柴,后面的弟子轻松地跟着。

正在这时,从江面驶来一个木筏,载着小弟子和八捆柴,停在智者的面前。年轻人和两个先到的弟子,你看看我,我看看你,沉默不语。唯独划木筏的小徒弟，与智者坦然相对。

智者见状，问："怎么啦，你们对自己的表现不满意？"

"大师，让我们再砍一次吧！"那个年轻人请求说，"我一开始就砍了六捆，扛到半路，就扛不动了，扔了两捆；又走了一会儿，还是压得喘不过气，又扔掉两捆；最后，我就把这两捆扛回来了。可是，大师，我已经很努力了。"

"我和他恰恰相反，"那个大弟子说，"刚开始，我俩各砍两捆，将四捆柴挂在扁担上，跟着这个年轻人走。我和师弟轮换担柴，不但不觉得累，反倒觉得轻松了很多。最后，又把年轻人丢弃的柴挑了回来。"

划木筏的小弟子接过话，说："我个子矮，力气小，别说两捆，就是一捆，这么远的路我也挑不回来，所以，我选择了走水路……"

智者用赞赏的目光看着弟子们，微微颔首，然后走到年轻人面前，拍着他的肩膀，语重心长地说："一个人要走自己的路，本身没有错，关键是怎样走，以及走的路是否正确。年轻人，你要永远记住：选择比努力更重要。"

一个选择对了，又一个选择对了，不断地作出对的选择，到最后便产生了成功的结果；一个选择错了，又一个选择错了，不断地作出错的选择，到最后便产生了失败的结果。

4

名震世界的男高音歌唱家帕瓦罗蒂，就是因正确的人生选择而极大地向人们展示了他歌唱方面的才华。

帕瓦罗蒂1935年出生在意大利的一个面包师家庭。他的父亲是个歌剧爱好者，他常把卡鲁索、吉利、佩尔蒂莱的唱片带回家来听，耳濡目染，帕瓦罗蒂也喜欢上了唱歌。

第七章
未来不是取决于明天的机遇,而是取决于今天的态度

小时候的帕瓦罗蒂就显示出了唱歌的天赋。

长大后的帕瓦罗蒂依然喜欢唱歌,但是他更喜欢孩子,并希望成为一名教师。于是,他考上了一所师范学校。在师范学校期间,一位名叫阿利戈·波拉的专业歌手收帕瓦罗蒂为学生。

临近毕业的时候,帕瓦罗蒂问父亲:"我应该怎么选择? 是当教师呢,还是成为一个歌唱家?"他的父亲这样回答:"卢西亚诺,如果你想同时坐两把椅子,你只会掉到两个椅子之间的地上。在生活中,你应该选定一把椅子。"

听了父亲的话,帕瓦罗蒂选择了教师这把椅子。不幸的是,初执教鞭的帕瓦罗蒂因为缺乏经验而没有权威。学生们就利用这点捣乱,最终他只好离开了学校。于是,帕瓦罗蒂又选择了另一把椅子——唱歌。

17岁时,帕瓦罗蒂的父亲介绍他到"罗西尼"合唱团,他开始随合唱团在各地举行音乐会。他经常在免费音乐会上演唱,希望能引起某个经纪人的注意。

可是,近七年的时间过去了,他还是无名小辈。眼看着周围的朋友们都找到了适合自己的位置,也都结了婚,而自己还没有养家糊口的能力,帕瓦罗蒂苦恼极了。偏偏在这个时候,他的声带上长了个小结。在菲拉拉举行的一场音乐会上,他就好像脖子被掐住的男中音,被满场的倒彩声轰下台。

失败让他产生了放弃的念头。

这时冷静下来的帕瓦罗蒂想起了父亲的话,于是他坚持了下来。几个月后,帕瓦罗蒂在一场歌剧比赛中崭露头角,被选中于1961年4月29日在雷焦埃米利亚市剧院演唱著名歌剧《波希米亚人》,这是帕瓦罗蒂首次演唱歌剧。演出结束后,帕瓦罗蒂赢得了观众雷鸣般的掌声。

第二年,帕瓦罗蒂应邀去澳大利亚演出及录制唱片。1967年,他被著名指挥大师卡拉扬挑选为威尔第《安魂曲》的男高音独唱者。

从此,帕瓦罗蒂的名气节节上升,成为活跃于国际歌剧舞台上的最佳男高音。

当一位记者问帕瓦罗蒂成功的秘诀时,他说:我的成功在于我在不断的选择中选对了自己施展才华的方向,我觉得一个人如何去体现他的才华,就在于他要选对人生奋斗的方向。

为自己选择一条合适的路对很多人来说可能是一件困难的事,但实际上任何一个人都有他的优点和长处。你的发光点,其实就是你在自己的人生道路上为自己所选定的人生坐标。找准了这个坐标,你就能够轻松地选对适合你的路,并且充分发挥自己的聪明才智,实现你的人生价值。

一辈子不长,你可愿此生只做一件事

人们疑惑不解,为什么许多成功者资质平平,却取得了远远超过他们实际能力的成就?原因很简单,那些看似愚钝的人有一种顽强的毅力,一种在任何情况下都坚如磐石的决心,他们没有太多奢望,有一种从不受任何诱惑、不偏离自己既定目标的能力,他们能专注于一个领域,集中精力,耕耘不辍,想方设法不甘落后,一步一步地积累自己的优势。

1

也许你正对自己艰苦付出却没有回报而倍感困惑,常常想放弃。其实生命的奖赏远在旅途终点,而非起点附近。我们不知道要走多少步才能达到目标,踏上第一千步的时候,仍然可能遭遇失败。成功也许就在拐角后面,但除非我们拐了弯,否则永远不知道还有多远。再前进一步,如果没有用,就再向前一步。事实上,每次进步一点点并不太难。

你很专注地干过一件事情吗?全身心地投入,24小时不想别的,心里只有一件事情的感觉,只有亲身体会才知道。专注的力量很大,它能让一个人的潜力发挥到极致,一旦达到那种状态你就没有了自我的概念,所有的精力就集中在了一点。

有句古语是这么说的:能够到达金字塔顶端的动物只有两种,一种是苍鹰,一种是蜗牛。苍鹰之所以能够到达金字塔顶端是因为他们拥有强有力的翅膀;而慢吞吞的蜗牛能够爬上去是因为它们认准了自己的方向,一直在这个方向上专注和坚持,不为道路上的小风景停下来,他们要的就是最高的位置,看到最好的风景。

2

一位久负盛誉的企业家在告别职业生涯之际,应多人要求,公开讲一下自己一生取得多项成就的奥秘。

会场座无虚席,奇怪的是,在前方的舞台上,吊了一个大铁球。观众们都有点莫名其妙,这时,两位工作人员抬了一个大铁锤,放在老者的面前。老者请两位身强力壮的年轻人上来,让他们用这个大铁锤,去敲打那个吊着的铁球,使它荡起来。

一个年轻人抢着拿起铁锤,抡起大锤,全力向那吊着的铁球砸去,可是那吊球一动也没动。另一个人接过大铁锤把吊球打得叮当响,可是铁球仍旧一动不动。

观众们都以为那个铁球肯定动不了。这时,老人从上衣口袋里掏出一个小锤,认真地面对着那个巨大的铁球,用小锤对着铁球"咚"敲了一下。然后停顿一下，再敲一下。人们奇怪地看着，老人就那样敲一下，然后停顿一下，就这样持续地做。

十分钟过去了，二十分钟过去了，会场起了一些骚动。老人仍然不理不睬，一敲一停地工作着。大概在老人进行到四十分钟的时候，坐在前面的一个妇女突然尖叫一声："球动了！"霎时间会场鸦雀无声，人们聚精会神地看着那个铁球。那个球以很小的幅度摆动了起来，不仔细看很难察觉。吊球在老人一锤一锤的敲打中越荡越高，它拉动着那个铁架子咣咣作响，它的巨大威力强烈地震撼着在场的每一个人。终于，场上爆发出一阵热烈的掌声，在掌声中，老人转过身来，慢慢地将那把小锤揣进了兜里。

老人用小锤就可以敲动的球却不能被年轻人敲动，说明想要有所成就就必须有专注的精神和坚持的毅力。

3

我们在平常的生活中面对的选择实在太多，不专注就会分散我们的精力，没办法好好去做一件事了，成功的概率也会降低。世事纷扰，大多数人每天忙个不停，但通常我们的工作十有八九是因为某一件事被人记住的，所以我们更应该慎重地选择自己真正有兴趣的项目，把心定下来，专注地去做，把我们所有的智慧和才干都发挥出来，结果会比我们千头万绪地瞎忙活好得多。

想做成一件事情，在工作和学习上要取得成就，三心二意、心猿意马是最大的绊脚石。人与人相比，聪明的程度相差不是很大，但如果专心的程度不同，取得的成绩就大不一样。凡是做事专心的人，往往成绩卓著；而时时分心的人，终究得不到满意的结果。

人的一生就是一条线，直线或者折线。每个人的生命都有一个起点，那就是生命开始的地方。

但是每个人一生中的经历却在相似的规律下运行出了各种不同的轨迹。人不可能从起点直达终点,因为生命像布朗运动,貌似有规律但却无章可循。生命的走向总在不断改变,但是每一个改变都有一个折点。

当专心做一件事情的时候,你在走直线,但是某个东西可能突然蹦入你的眼帘而转移你的注意力,于是你的轨迹开始弯曲,慢慢改变方向,你的轨迹就成为曲线或折线了。折线也许会成为催化剂让你突然有了新的思想或者主意,但是大部分时候折线的意义仅仅在于分散你的注意力罢了。虽然很多重大的发现都是这种折线造成的,但是大凡三心二意、一事无成的人也基本有这么一个共同点,就是做一件事情的时候注意力经常走折线。

4

纵观历史,凡是那些建立丰功伟业的人物似乎都有"专注"的美德。似乎上帝指派他们某个任务,所以他们一生为了完成这个任务而付出全部精力和心血。无论外界怎样阻挠他们,无论遭受多少非议和苦头,他们都始终如一地去完成它,最终谱写出属于自己的史诗。

一天,法国著名雕塑家罗丹邀请小友——奥地利作家茨威格到他家做客。在罗丹朴素的别墅里,他们在一张小桌前坐下吃饭。罗丹温和而慈祥地和这位晚辈交谈。文学和雕塑这两枝艺术之花让他们之间有说不完的话,他们都十分高兴。午餐在愉快的氛围中进行着。

吃过饭,罗丹便带着茨威格到他的工作室参观。

罗丹的工作室可以说是雕塑的出生地。在这里,有完整的雕像,也有许许多多小塑样——一只胳膊,一只手,有的只是一只手指或者指节;还有他已动工而搁下的雕像和堆着草图的桌子,这就是他一生不断追求与劳作的地方。

一到这里,罗丹就不由自主地穿上粗布工作衫,一下子就变成了一个工人。他在一个台架前停下。

"这是我的近作。"他说着便把湿布揭开，现出一座女人正身塑像。"这已完工了吧？"茨威格退到罗丹身后，看着他魁梧的背影说。

罗丹没有回答，自己端详了一阵，忽然皱着眉头说："啊，不！还有毛病……左肩偏斜了一点儿，脸上……对不起，你等我一会儿……"于是他便拿起刮刀、木刀片轻轻滑过软和的黏土，给肌肉一种更柔美的光泽。他健壮的手动起来了；他的眼睛闪耀着智慧的光芒。随着一块块黏土的掉落，雕塑变得越来越生动。茨威格站在后边，微笑着看着这个对工作过于执着的艺术家。"还有那里……还有那里……"他走回去，把台架转过来，又修改了一下，含糊地吐着奇异的喉音。时而，他的眼睛高兴得发亮；时而，他的双眉苦恼地紧蹙。他捏好小块的黏土，粘在塑像身上，又刮开一些。他完全陷入了创作的世界之中。

这样过了半点钟，一点钟……罗丹的动作越来越有力，情绪更为激动，如醉如痴，他没有再向茨威格说过一句话。除了他要创造更崇高的形体的意念，整个世界对他来说好像已经消失了。

最后，工作完毕，他才舒坦地扔下刮刀，像一个多情的男子把披肩披到他情人肩上那样，温存地把湿布蒙上塑像，然后径自走向门外。

快走到门口的时候，他突然看见了茨威格。就在那时，他才记起他还有个朋友在旁边。他意识到了自己的失礼，赶紧说："对不起，茨威格，我完全把你忘记了，可是你知道……"茨威格被罗丹的工作热忱深深地打动了，握着他的手，紧紧地握着，什么话也说不出来了。

专注，使罗丹成为罗丹。专注就像一枚魔戒，掌控着追梦人的希望和未来。把握了专注对于人生的要义，渴望实现梦想的你就掌控了魔戒的魔力。那魔力让你在征途中所向无敌，让你登上实现人生价值的阶梯。

第八章　我们都在准备做大事，却忘了蚂蚁也可以搬走大象

成也细节，败也细节。它可以改变我们的命运：一个微不足道的细节往往蕴藏着无限的机遇，抓住了它，似锦的前程就在眼前，你从此就能平步青云；同样，一个不起眼的细节也有魔鬼隐藏其中，忽视了这一点，它可能给你带来杀身之祸、灭顶之灾。

人生如弈,一着不慎,满盘皆输

我们每日都能看见自己的手掌,但手掌纹理的多少却是极少人知道的。或许,有人会认为追究细小之事毫无意义,但不积跬步无以至千里,要想取得成功,细节尤其不能被忽略。

1

很小的时候,我们就听过这样一个故事。

古时候,一个村庄与黄河毗邻,为了防止水患,村民们筑起了雄伟坚固的长堤。一天,有个老农偶然发现长堤边的蚂蚁窝一下子比平时猛增了许多。老农心想:得赶快把这件事报告给村里。不料在回村的路上,老农遇见了他的儿子,并把这件事对儿子说了。老农的儿子听后不以为然地说:"那么坚固的长堤,还害怕几只小小的蚂蚁吗?"随即拉着老农一起下田了。谁知,当天晚上就下了一场暴雨,黄河水暴涨。咆哮的河水从蚂蚁窝处渗透,继而出现管涌,最后冲决长堤,淹没了沿岸的大片村庄和田野。

这就是成语"千里之堤,溃于蚁穴"的来历。千百年来,这个故事一直告诫着人们要懂得"防微杜渐"的道理。然而在现实生活中,仍然有人会亲身经历这一惨痛的教训。

2

国王理查三世准备拼死一战了。亨利带领的军队正迎面扑来,这场战斗将决定谁统治英国。

战斗进行的当天早上,理查派了一个马夫去备好自己最喜欢的战马。

"快点给它钉掌,"马夫对铁匠说,"国王希望骑着它打头阵。"

"你得等等,"铁匠回答,"我前几天给国王全军的马都钉了掌,现在我得找点儿铁片来。"

"我等不及了。"马夫不耐烦地叫道,"国王的敌人正在推进,我们必须在战场上迎击敌兵,有什么你就用什么吧。"

铁匠埋头干活,从一根铁条上弄下四个马掌,把它们砸平、整形,固定在马蹄上,然后开始钉钉子。钉了三个掌后,他发现没有钉子来钉第四个掌了。

"我需要一两个钉子,"他说,"得需要点儿时间砸出两个。"

"我告诉过你我等不及了,"马夫急切地说,"我听见军号了,能不能凑合一下?"

"我能把马掌钉上,但是不能像其他几个那么牢实。"

"能不能挂住?"马夫问。

"应该能,"铁匠回答,"但我没把握。"

"好吧,就这样,"马夫叫道,"快点,要不然国王会怪罪到咱们俩头上的。"

两军交上了锋,理查国王冲锋陷阵,鞭策士兵迎战敌人。"冲啊,冲啊!"他喊着,率领部队冲向敌阵。远远地,他看见战场另一头几个自己的士兵退却了。如果别人看见他们这样,也会后退的,所以理查策马扬鞭冲向那个缺口,召唤士兵调头战斗。

他还没走到一半,一只马掌掉了,战马跌翻在地,理查也被掀在地上。

国王还没有再抓住缰绳,惊恐的马就跳起来逃走了。理查环顾四周,他的士兵们纷纷转身撤退,敌人的军队包围了上来。

他在空中挥舞宝剑,"马!"他喊道,"一匹马,我的国家倾覆就因为这一匹马。"

他没有马骑了,他的军队已经分崩离析,士兵们自顾不暇。不一会儿,敌军俘获了理查,战斗结束了。

从那时起,人们就说:

少了一个铁钉,丢了一只马掌,

少了一只马掌,丢了一匹战马。

少了一匹战马,败了一场战役,

败了一场战役,失了一个国家,

所有的损失都是因为少了一个马掌钉。

这个著名的传奇故事出自英国国王理查三世逊位的史实。他1485年在博斯沃思战役中被击败。莎士比亚的名句"马,马,一马失社稷!"使这一战役永载史册,同时告诉我们一个小小的疏忽会带来多么大的灾难。

李嘉诚说过:"成功的秘诀不在于大的战略决策,而在于做好细致工作的韧劲。"正所谓细节决定成败。如此看来,成功孕育于细节之中,无论对谁来说,要想成就大事,赢得成功就必须认真关注好每一个细节。

3

美国"哥伦比亚"号航天飞机坠毁原因现在已有了初步结论。原因是航天飞机在返回大气层时,机翼受到星际间物质撞击后,产生轻微的裂缝,在与大气产生剧烈摩擦后,航天飞机在空中解体,7名航天员葬身蓝天。

直接导致飞机坠毁的原因是壳体材料不过关。

这个结论是震惊科学界的。不是因为这是一个技术缺陷,而是因为这是一个十分普通的常识性的问题。关于航天飞机防护层的保护问题,几十年前就解决了,而在科学技术发展到今天的时候,人类竟然会在一个常识性问题上酿成大错。

揭开这个谜底的人叫詹姆斯·哈洛克。他是事故调查组的成员。在事故调查中,一个偶然的机会,哈洛克看到了航天飞机失事后工程师向他提供的碳制高温保护板的说明书,一份25年前印制的小册子,上面写着:碳制保护板的设计强度是"可以承受0.006英尺/磅的动能"。

哈洛克对这句话表示怀疑,他订制了一盒铅笔,进行反复测算,最后得出结论:一支普通的铅笔从15.24厘米的高度自由落体时产生的冲击力就是"哥伦比亚"号航天飞机保护板的设计强度!任谁都可以想象,这种设计强度根本不足以保护航天飞机这种庞然大物。谜底就这样揭开了。

这块保护板造价80万美元,是用来防护机翼不被燃料作用时的超高温熔解的,但对于价值180亿美元的"哥伦比亚"号来说,当"哥伦比亚"号将要去沐浴"枪林弹雨"之际,工程师给它建造的保护板却仅能防护一支铅笔的冲击。

当"哥伦比亚"号在空中飞行时,一个豌豆大的物体就能产生相当于质量为180千克的物体产生的冲击力,也足以给"哥伦比亚"号以致命的打击。

一切伟大的成就都是细节的积累,成功源于细节说的就是这个道理。一件细小的事可以成全一个人,也可以毁掉一个人。毫不夸张地说,注重细节,才有可能成功。

4

上面已经说过,千里之堤,溃于蚁穴。有时让我们功败垂成的往往不是强大的敌人,而是被我们忽视的细节。有时候我们从一个微小的细节就能整理出整件事情的脉络，而一般来说，一时的成败往往就取决于某件被忽视的小事。

当宝洁公司刚开始推出汰渍洗衣粉时，市场占有率和销售额以惊人的速度向上飙升，可是没过多久，这种强劲的增长势头就逐渐放缓了。宝洁公司的销售人员非常困惑，虽然进行过大量的市场调查，但一直都找不到销量停滞不前的原因。

于是，宝洁公司召集了很多消费者开了一次产品座谈会。会上，有一位消费者说出了汰渍洗衣粉销量下滑的关键，他抱怨说："汰渍洗衣粉的用量太大。"

宝洁的领导们忙追问其中的缘由，这位消费者说："你看看你们的广告，倒洗衣粉要倒那么长时间，衣服是洗得干净，但要用那么多洗衣粉，算起来太不划算。"

听到这番话，销售经理赶快把广告找来，算了一下展示产品部分倒洗衣粉的时间，一共3秒钟，而其他品牌的洗衣粉广告中倒洗衣粉的时间仅为1.5秒。

有人觉得成功与失败之间有着不可逾越的鸿沟，其实，成功与失败是由同一点出发的两条射线。起初，只是相距一点点。每走一步，就分开一点。当它们远离起点时，已经遥远地望不到彼此了。

一位成功者说，成功和失败没有本质的区别。有时看起来成败似乎相距很远，但事实上，二者之间的距离就在于点滴之间。说到底这是个细节的问题，很多不经意的细节不会被人注意，但只要有所关注并及时采取行动，得到的结果将会截然不同。

注重细节,别在阴沟里翻船

要展示完美的自己很难,它需要每一个细节都很完善;但破坏自己的形象很容易,也许只要忽略一个细节,你就会受到难以挽回的损失。

1

一件细小的事可以成全一个人,也可以毁掉一个人。毫不夸张地说,注重细节,才有可能成功。

一些看上去芝麻大的细节,往往会被人们所忽视。其实,在竞争日益激烈的现代社会中,在很多情况下,就是这些不起眼的细节决定着人们的成败,如果不注意,我们将与成功擦肩而过。

《武汉晨报》有这样一份报道,江汉大学应届毕业生陈某因为一份简历而在应聘时栽了跟头。

事情的经过是这样的:参加招聘会的那天早上,小陈不慎碰翻了水杯,将放在桌上的简历浸湿了。为尽快赶到会场,小陈只得将简历简单地晾了一下,便和其他东西一起,匆匆塞进背包。

在招聘现场,小陈看中了一家深圳房地产公司的广告策划主管岗位。按照这家企业的要求,招聘人员将先与应聘者简单交谈,再收简历,被收简历的人将得到面试的机会。

轮到小陈时，招聘人员问了小陈三个问题后，便向他要简历。小陈掏出简历时才发现，简历上不光有一大片水渍，而且放在包里一揉，再加上钥匙等东西的划痕，已经不成样子了。小陈努力将它弄平整，递了过去。看着这份伤痕累累的简历，招聘人员的眉头皱了皱，还是收下了。那份折皱的简历夹在一叠整洁的简历里，显得十分刺眼。

三天后，小陈参加了面试，表现非常活跃，无论是现场操作Photoshop，还是为虚拟的产品作口头推介，他都完成得不错。在校读书时曾身为学校戏剧社骨干社员的小陈，还即兴表演了一段小品，赢得面试负责人的称赞。当他结束面试走出办公室时，一位负责的小姐对他说："你是今天面试者中最出色的一个。"

然而，面试过去一周后，小陈依然没有得到回复。他急了，忍不住打电话向那位小姐询问情况。小姐沉默了一会儿，告诉他："其实招聘负责人对你是很满意的，但你败在了简历上。老总说，一个连简历都保管不好的人，是管理不好一个部门的。"

可以说，细节就像人体细胞一样举足轻重，而且无处不在。那些成就非凡的人，着眼于大处，却在细微之处用心、在细微之处着力，日积月累，终于渐入佳境，出神入化。这才是真正的成功之道。

2

细节总是容易为人所忽视，所以细节往往最能反映一个人的真实状态，也最能表现一个人的修养。展现完美的自我是需要靠细节来体现的，有时一心渴望成功，成功却了无踪影。踏踏实实，认真做好每个细节，成功往往不期而至。

第八章
我们都在准备做大事,却忘了蚂蚁也可以搬走大象

1961年4月12日,苏联宇航员加加林乘坐4.75吨重的"东方1号"航天飞船进入太空遨游了89分钟,成为世界上第一位进入太空的宇航员。他为什么能够从20多名宇航员中脱颖而出?

原来,在确定人选前一个星期,航天飞船的主设计师科罗廖夫发现,在进入飞船前,只有加加林一个人脱下鞋子,只穿袜子进入座舱。就是这个细小的举动一下子赢得了科罗廖夫的好感,他感到这个27岁的青年既懂规矩,又如此珍爱他为之倾注心血的飞船, 于是决定让加加林执行人类首次太空飞行的神圣使命。加加林通过一个不经意的细节,表现了他珍爱他人劳动成果的修养和素质,也使他成为遨游太空的第一人。

每个人都渴望成功,而成功却不是每个人都能得到的。根据调查,多数成功的人都信奉这样一句名言:"成功源于细节,细节决定成功。"在他们看来,成功有时其实很简单,需要的只是对细节的关注。注重了细节,成功往往容易多了。

3

细节其实是对个人素质的最有效的考察,有时候,正是细节显示出的奇特效果,才让人在激烈的竞争中显示出了自己的优秀之处,才让人能在迈向成功的路上更顺利。

一家有名的大公司在媒体上刊登了一则招聘广告,要招聘一名办公室文员。因为该公司发展前景良好,待遇优厚,因此吸引了大批的求职者。

当天,前来参加应聘的有100余人,公司人力资源部长准备用笔试筛选一部分人再作决定,然而总经理却拒绝了如此烦琐的招聘手续,他吩咐人力资源部长让每一个人到他的办公室作现场应聘。

应聘者们不是夹着厚厚的简历表,就是怀抱一摞证书,甚至还有人怀揣

着公司上层领导的朋友的介绍信。

然而,总经理面对前来的应聘者,每出去一人,他都朝人力资源部长摇摇头。在总经理感到失望之时,一个貌不惊人但衣着整洁的男孩被人力资源部长叫进来。人力资源部长看着男孩空着的两只手,不禁替男孩惋惜——怎么准备得这么不充分,至少也该有份简历呀。

只见男孩走到总经理的办公室门前,礼貌地敲了三下门,待里面传出"进来"他才轻轻推开门,立于门前,认真地蹭掉脚上的泥土,然后进门并随手关上门。没等走近总经理的办公桌,男孩发现地上有本书,便很自然地拾起放到办公桌上。总经理和男孩简单地交谈了几句,这时有人敲门说是找总经理,门一开,一位残疾老人蹒跚而入,男孩连忙起身搀扶老人,并且给他让座。男孩所做的一切毫无造作感,呈现在别人面前的是善良和体贴。

当男孩走出办公室,人力资源部长进来预备请示总经理再传下一人时,总经理微笑着冲他点点头说:"刚才的这个男孩被我选中了!"人力资源部长惊奇地问道:"刚才那男孩?他既没有带证书,也没有受任何人的推荐,甚至连最基本的简历都没有……"

"你错了,"总经理对人力资源部长说,"其实他带来了内容丰富的简历,而且是这些人中最优秀的简历!"人力资源部长迷惑了,不知道男孩是总经理的亲属还是他们之间有其他特殊的关系。

总经理继续微笑着说:"男孩的言行是他最优秀的简历,他轻敲三声门,说明他懂礼节,做事小心仔细;他在门口蹭掉鞋上带的泥土,说明他注重细节;当看到那位我有意安排的残疾老人进门时,他立即上前搀扶并让座,表明他善良、体贴、热情。其他所有的人都从我故意放在地板上的那本书上迈了过去,而男孩俯身捡起那本书,并放回桌上,他的动作是那么自然、镇静。

"他和我近距离交流时,回答干脆果断,头发梳得整整齐齐、指甲修得干干净净……难道这些细节不是男孩最优秀的简历吗?我认为他的言行就是他最好的简历!"听了总经理的话,人力资源部长心悦诚服地笑了。

靠细节达成的成功看似偶然,实则孕育着必然。细节不是孤立存在的,就像浪花显示了大海的美丽,但它必须依托于大海才能存在一样。

每条小鱼都在乎

我们虽渺小如沧海一粟,仍可尽这一粟的心力,不要轻易忽略生活中的每一件小事。正是这些小事,如同阶梯,助我们升上生命的高处。

1

有这样一个故事。

在暴风雨后的一个早晨,沙滩的浅水洼里有许多被暴风雨卷上岸来的小鱼。它们被困在浅水洼里,回不了大海了。用不了多久,浅水洼里的水就会被沙粒吸干,被太阳蒸干,这些小鱼都会干渴而死。

有一个小男孩走得很慢很慢,而且在每一个水洼旁弯下腰去——他捡起水洼里的一条条小鱼,并且用力把它们扔入大海。太阳炙烤沙滩,小男孩的汗水不停地流着,腰酸、胳膊痛,但他还是在不停地扔着小鱼。

有人忍不住走过去:"孩子,这水洼里有这么多条小鱼,你救不过来的。"

"我知道。"小男孩头也不抬地回答。

"那你为什么还在扔? 谁在乎呢?"

"这条小鱼在乎!"男孩儿一边回答,一边继续拾起一条小鱼扔进大海,"这条在乎,这条也在乎!还有这一条、这一条、这一条……"

在小男孩的心目中,每一条小鱼都是独立、完整的生命,都有获得同情、关爱和呵护的需要。尽管这么多小鱼他救不完,可是对于被救的小鱼来说,它的新生不就意味着重新获得了整个世界吗?所以有什么理由不倾情相救呢?

2

"勿以善小而不为,勿以恶小而为之。"刘备临终前对儿子刘禅如是说。意思是让刘禅不要轻视小事,"小"中有大。"小"水滴不断滴下,力可透石;"小"火星足以燎原;"小小"的一句话,足以影响一国之兴衰;"小"不忍,足以乱大谋;一丝"小小"的微笑,给人信心无限;每日一件"小小"的善行,足以广结善缘;勿以善小而不为,"善小"不是"不足道"的,"善小"也含有"大义"。故《梵网经菩萨戒》云:"勿轻小罪,以为无殃;水滴虽微,渐盈大器。"善小与因小见大、见微知著的道理相近。世人多好大,而少能领悟佛教语"一滴水中看世界"。晶莹的一滴水,有如明镜,足以鉴人,或任人自照。

在现实生活中,大多数人会说些大而无用的话,或像海边散步的中年男子那样,自己不行善反而说一些似乎是哲理的话来劝阻他人,甚至嘲笑别人做傻事;有人干脆想:搁浅的小鱼儿这么多,就算把几条扔回大海,又有什么用呢?

勿以善小而不为,一个微笑便可以驱散寒意,一声问候便可以拉近距离,同样一件好事便可以看出一个人高尚的品格,纯洁的心灵。小事为大事的基础,大事由小事累积。轻视一滴水的存在,又怎么会有浩瀚波澜的海洋?轻视一棵树的存在,又怎么会有茂密丛生的森林?轻视一土一石的存在,又怎么会有缠绵万丈的山峦。轻视一件件平凡的正确的小事,又怎么能做出伟大的事?

古人有许多强调"做小事"重要性的名言警句:不积小流无以成江海,不积跬步无以至千里。集腋成裘,聚沙成塔,积善成德。无一不在说明着积少成多的道理。所以,请不要忽略点滴的力量,我们要从小事做起,从点滴做起。一个人做一件好事并不难,难的是持之以恒,如果一个人坚持做好事而不做坏事,那么,他必然会得到社会的尊重,人民的赞扬。一次关灯,一句善语,一次问候,一个微笑,都是对公共利益的贡献。小小的善举,举手之劳,并不需要我们付出很多,却能换来谅解、和睦、友谊,为社会做点事,为他人做点事,为自己做点事,美好的生活在大家的点点滴滴中创造,在持之以恒中延伸。

3

"相逢何必曾相识",人与人之间的关爱不是只存在于亲朋好友间,我们应该充满热情地帮助任何一个需要我们的人。爱心,无须用多么高深的语言来阐明,也不必做出惊天动地的大事来,完全可以从点滴小事做起。

2007年2月16日,在得克萨斯州的一所庄园里,刚刚卸任联合国秘书长的安南举行了一场慈善晚宴,应邀参加晚宴的都是富商和社会名流。当一个叫露西的小女孩捧着她的全部积蓄来到庄园,要求参加这场慈善晚宴的时候,遇到了保安的阻拦。

"叔叔,慈善的不仅是钱,还是心,对吗?"小露西问道。她的话让保安愣住了。"我知道受邀请的人有很多钱,他们会拿出很多钱。我虽然没有那么多,但这是我所有的钱。如果我不能进去,请把这个带进去吧。"小女孩把手中存有所有积蓄的瓷罐递给保安。

保安犹豫了,他不知道该不该接。小女孩的话打动了前来参加晚宴的巴菲特先生,他带小露西进入了庄园。出人意料的是,当天慈善晚宴的主角不是慈善晚宴的倡议者安南,也不是捐出300万美元的巴菲特,而是仅仅捐出了30美元25美分的小露西。她赢得了人们真心的赞美和热烈的掌声，而晚宴的主题标语也变成了这样一句话："慈善的不是钱，是心。"

小露西的内心多么善良、纯真！爱心是不能用钱多钱少来衡量的，30美元25美分相对300万美元来说不值得一提，然而，这却是一位善良小女孩的全部。她奉献出了自己所有的积蓄，毫无保留！

因为有善心的人更加美丽，更加有涵养，因此小露西的行为才引起了人们的注意，成为全场的焦点人物。人们被小露西的善良和真诚感动，正是这颗善良的心才使小露西能在保安面前不卑不亢；因为她认为自己是来献爱心的，爱心不分贫富，爱心是不以金钱的数量来衡量的。只要怀有真诚的善心，你的心灵就是高贵的。

4

对许多人来讲，一些举手之劳的小事，却能使他人感到这个社会的温情。爱心是冬日里的一缕阳光，使饥寒交迫的人感受到生活的温暖；爱心是飘荡在夜空中的一首歌谣，使孤苦无依的人感受到心灵的慰藉；爱心是洒落在久旱土地上的一场甘霖，使心灵枯萎的人感受到情感的滋润。

一个老妇人刚走出家门就遇到了倾盆大雨，行人们纷纷进入就近的店铺躲雨。她也蹒跚地走进一家百货商店。因为被雨淋湿了衣服，她看上去略显狼狈，再加上简朴的装束，所有的售货员都认为这位老妇人要不是避雨，恐怕是不会到这家商店来消费的。因此都对她心不在焉，视而不见。

就在这个时候，一个年轻人走过来诚恳地对她说："夫人，我能为您做点什么吗？"老妇人虽然知道售货员对自己非常鄙夷，但还是莞尔一笑："不用了，我在这儿躲会儿雨，马上就走。"老妇人随即心神不定起来，其他售货员以为她是因为觉得不买人家的东西,却借用人家的屋檐躲雨,这才显得局促。于是,她开始在百货店里转起来,希望可以买个头发上的小饰物来为自己找个心安理得的理由。

正当她在犹豫徘徊时,那个小伙子又走过来,说:"夫人,请您不必为难,我给您搬了一把椅子,就放在门口,您尽管在那里坐着休息就是了。"两个小时后,雨过天晴,老妇人向那个年轻人道谢,并向他要了张名片,就颤巍巍地走出了商店。

此后不久,这家百货公司的总经理詹姆斯收到一封信,信中要求将那位年轻人派往苏格兰收取一份装潢整个城堡的订单,并让他承包自己家族所属的几个大公司下一季度办公用品的采购订单。詹姆斯惊喜不已,却不知道这个给了他巨大利润的人是谁。

后来,他方才知道,信正是那天在商店避雨的那位老妇人写的,而她正是美国亿万富翁"钢铁大王"卡内基的母亲。

詹姆斯马上把那位给老妇人搬椅子的叫菲利的年轻人推荐到公司董事会上。毫无疑问,当菲利打起行装飞往苏格兰时,他已经成为这家百货公司的合伙人了。不久,菲利就凭借自己的实力成为美国钢铁行业仅次于卡内基的重量级人物。

年轻的菲利走上了让人梦寐以求的成功之路。有谁能说这不是他细心的回报呢?有谁能说这不是细节结出的果呢?他的成功看似简单而非常偶然,但我们应该知道是菲利的善良,菲利的一个细节,反映了他整个人的本质,更是因为这样注重每一个细节的好习惯,带他走向了成功。

爱,真的是一件神奇而美好的事物,它最神奇的一面就是让施爱者能够体会到幸福。当你把爱的阳光传递给别人时,即便微不足道,你的内心也会被阳光照亮。"送人玫瑰,手有余香",在献出爱心给众人芬芳的同时,最幸福最陶醉的还是我们自己,人性的光辉如日月般照耀这个世界。

如果想改变世界，请从整理你的床铺开始

要记住，世间的大事无不是由小事或积或延或变而来的，没有人可以一步登天。如果你能认真地对待每一件事，把平凡的小事做好，那么你的人生之路就会越走越顺，成就大事就会指日可待。

1

没有人可以一步登天，如果你能够认真地对待每一件事，把平凡的小事做得很好，那么你的人生之路就会越来越宽。

古人云："一屋不扫何以扫天下。"其实，大多数人不能理解这句话。

峨山禅师是白隐禅师晚年的得意门生，他不仅禅理领悟得非常深刻，而且回答别人的问题时能够随机应变，很有白隐禅师当年的风格。随着岁月的流逝，峨山禅师也老了，但是他还是经常亲自做自己力所能及的事情。

有一天，他在庭院里整理自己的被单，累得气喘吁吁，一个人偶然看到了，奇怪地问："这不是大名鼎鼎的峨山禅师吗？您德高望重，有那么多的弟子，难道这些小事还要您亲自动手吗？"

峨山禅师微笑着反问道："我年纪大了，老年人不做点小事，还能做什么呢？"

那人说道:"老年人可以修行、打坐呀! 那要轻松多了。"

峨山禅师露出不满的神色,反问道:"你以为仅仅只是念经、打坐才叫修行吗? 那佛陀为弟子穿针,为弟子煎药,又算什么呢? 做小事也是修行啊!"

那人面露愧色,因而了解到生活中处处有禅。

正像峨山禅师所言,做小事也是修行,也是参禅必不可少的法门。当然,做事情也是如此。徒有凌云之志而不善于从小事情做起,这仅是一种不切合实际的空想而已。

2

我们每个人所做的工作,都是由一件件微不足道的小事组成的,但我们不能因为它小就忽视它。事实上,世界上所有的成功者,他们与我们都做着同样简单的小事,唯一的区别就是,他们从不认为他们所做的事是简单的小事。

很多时候,一件看起来微不足道的小事,或者一个毫不起眼的变化,都能起到关键的作用。

英国有一位青年在做装订书报的工作时, 常去听当时誉满欧洲的化学家戴维的报告,然后他把所有的报告整理抄清,装上羊皮封皮,一次次邮给戴维。戴维大为感动,就请他来面谈。

这位青年很想在戴维的实验室找份工作,戴维却拒绝了,说:"你年纪也不小了,什么教育也没受过,还是回到装订车间去吧!"这无异于给这位青年当头泼了一瓢冷水。

若是一般人,被人拒绝到这般地步,大概已经灰心了。这位青年则不然,他十分坚定,并说自己可以从杂工干起。结果他被录用了。

就这样,这位青年就从普通的勤杂工干起,一步一步终于当上了实验室助手,并有了一系列的创造发明,他被后人尊称为"电学之父",甚至最终的成就还超过了戴维。

这位从小事干起并成就大业的青年人就是法拉第。

由此可见,伟大的事业常常起于平凡,要想成就大事必须先做小事,高楼大厦是靠一砖一石一层一层建造起来的。

3

"要成就大事必须先做小事",这是成就大事者常用的方法,世界上许多善于处世的人,无一不是在平凡的岗位从小事做起以成就一番事业的。只有这样的事业才会有持续发展壮大的基础, 那种靠投机取巧起家的暴发户来得快去得也快。

没有人可以一步登天,如果你能够认真地对待每一件事,把平凡的小事做得很好,那么你的人生之路就会越来越广,成就大事的愿望就一定能够实现。

西方文艺复兴时期的伟大画家达·芬奇,他的名作《最后的晚餐》至今享誉世界。可是,《最后的晚餐》是怎么画出来的,大概就很少有人知道了。事实上,达·芬奇前半生一直际遇坎坷,怀才不遇,30岁时他投奔到米兰的一位公爵的门下,希望能给自己创造一些人生机会。但他去了几年一直默默无闻,也没有什么重要的事情做,他的画也没有得到公爵的赏识。但是他自己一直没有丧失信心,他始终在自己简陋的画室里执着地画着。

不久,公爵来找他,让他去给圣玛丽亚修道院的一个饭厅画装饰画。这是一件无足轻重的工作,一个普通的三流画家就可以完成,而且似乎也没有必要在一个饭厅的墙壁上下真功夫。但是,达·芬奇却不这样认为,他从来也没有敷衍了事地画过一幅画,即使是习作。达·芬奇倾尽了自己所有的才华,日夜站在脚手架上作画。

一个月以后,饭厅的装饰画画完了,很有鉴赏力的公爵立刻意识到这是不可多得的杰作。他立刻找来米兰的那些大画家,请他们看看达·芬奇的这幅作品。结果,所有前来的画家无不对画作杰出的构思和大胆的用色感到惊奇。

世界上不朽的名画《最后的晚餐》就这样诞生了,名不见经传的圣玛丽亚修道院也因此声名鹊起,一直以来没有什么名气的达·芬奇也因此名垂青史。

西方有一句格言说:时间和耐心能够把桑叶变成云霞般的彩锦。我们中的很多人之所以一事无成,是因为我们总是把那些发生在身边的日常细微小事看得无足轻重,总以为在未来的某一天会有一件惊天动地的大事等待着自己去完成,而事实上,那样的大事仅仅局限于极个别的人和极个别的时刻。对于绝大多数人而言,那样的机会是没有的。在我们的生活中,时刻发生着的,都是那些很不起眼的小事情,正是这些微不足道的小事情构成了我们的人生。

人生中的小事情,不仅会使你的人生丰富而精彩,还会在某一个不经意的时刻,使你走向成功。

4

在美国,有这样一个人,他的父亲是一名贫穷的油漆工,仅仅靠着微薄的打工收入供他念完高中。这一年,他被耶鲁大学录取,但是,却因为缴纳不起大学昂贵的学费而面临着失学的危险。于是,他决定利用假期,像父亲一样外出做油漆工,以便挣够学费。他到处揽活儿。一天,他终于接到了一栋大房子的油漆任务。主人是个很挑剔的人,不过他给的价钱不低,不但能够缴清这一学期的学费,甚至连生活费也都有了着落。

这天,眼看着即将完工了。他将拆下来的橱门板放好,准备最后再刷一遍油漆。橱门板刷好后,再支起来晾干即可。但就在这时,门铃突然响了,他赶忙去开门,不想却被一把扫帚给绊倒了,绊倒了的扫帚又碰倒了一块橱门板,而这块橱门板又正好倒在了昨天刚刚粉刷好的一面雪白的墙壁上,墙上立即出现了一道清晰可见的漆印。于是,他立即动手把这条漆印用刀刮掉,又调了些涂料补上。等一切被风吹干后,他左看右看,总觉得新补上的涂料色调和原来的墙壁不一样。想到那个挑剔的主人,为了那即将得到的酬劳,他觉得应该将这面墙再重新粉刷一遍。

终于,他认认真真地把活儿做完了,可没想到的是,第二天一进门,他又发现昨天新刷的墙壁与相邻的墙壁之间的颜色出现了一些色差,而且是越看越明显。最后,他决定将所有的墙壁再次重刷……

最后,就连那个挑剔的主人也对他的工作很满意,付足了他的酬劳。

后来,屋主的女儿不知怎么知道了事情的原委,便将事情告诉了她的父亲。她父亲知道后很是感动,在女儿的要求下,他同意资助他上完大学。大学毕业后,年轻人报名参军。战争结束了,当兵归来的年轻人开了自己的零售商店,并逐步发展成为零售业的巨头。他就是沃尔玛零售超市的创始人——山姆·沃尔顿。

成功是一种习惯。成功者认为并不是非得干一件惊天动地的大事才能获得成功,从小事做起,而且坚定不移、乐此不疲,直到让做好小事成为你良好的习惯,你便具备了成功者的品质。

成功的人大都相信这样一个道理:"成功是把许多小事做好所得到的报偿。"的确,成功人人都心向往之,但成功却不属于每一个人。小事人人会做,但小事并不是所有的人都能坚持去做,还有人会因为事情太小而不愿意去做或者抱有一种轻视的态度。

事实上,所有的成功者都是这样一种姿态,面对生活中的简单的小事,他们做得细致而且更能坚持,因为他们从不认为他们所做的事是简单的小事。他们相信,做好小事,就能成就大事。

行走江湖最重要的通行证就是诚信

诚信就是力量，就是财富，很多人一时失败了但最后仍能成功，靠的就是"诚信"二字；也有很多人一时成功，但最终却失败了，败的也就是"信用"二字。

1

沃迪还有一年就要大学毕业了，虽然家庭贫困，家里却总是按时给他邮寄生活费，可是最近两个月他却没有接到家里寄来的生活费。尽管沃迪一再省吃俭用，他的经济状况还是到了山穷水尽的地步。这天他不得不忍着强烈的饥饿感来到了投币电话亭。当他把兜里仅剩的最后一美分投进去后，长途电话很快通了。

接电话的是沃迪爸爸，听儿子诧异地询问为什么不按时寄钱，爸爸沉默了足有一分钟才异常难过地答道："亲爱的儿子，家里其实已经准备好了这笔钱，但不幸的是，你母亲在此期间患了一场重病，不仅花光了那笔钱，还欠下了不少外债。爸爸实在没有办法给你寄生活费了……而且你已经是20岁的小伙子了，应该有靠勤工俭学支撑学业的能力了。"

挂断电话，沃迪沮丧万分，因为即使打工赚钱也要等到放寒假时，但是目前距放假还有一个月，这个阶段要进行论文答辩、学科综合验收测试，可以说是学习最紧张的时刻，他怎么能抽出时间不顾学业而去做零工呢？当然，如果有10美元他就可以安然度过这一个月的日子，可他的身上已是分文皆无，今后的生活该怎么办呢？

就在沃迪绝望地要离开电话亭之际，忽然令他意想不到的事情发生了。只见投币电话机器里传出一阵难听的噪音，投币口中竟自动涌出了许多枚硬币，叮叮当当地滚落到地上。沃迪蓦地一愣，这才晓得投币电话出了故障。看着洒落一地的大大小小的硬币，沃迪不禁心花怒放：这真是上帝眷顾自己啊，正愁没钱花时偏偏意外地得到这些硬币。沃迪把所有硬币捡到自己口袋里，刚要离开时，忽然一个声音好像在耳畔响起："这些钱并不是属于你的，如果你用了它们，良心会一辈子感到不安的。"

沃迪自幼就受父母和老师的教导，一生要做个诚实正直的人，他也把这一条作为自己为人处世的重要准则。因此，沃迪又改变了初衷，他掏出一枚硬币再次投进去，拨通了当地通讯公司的服务电话，并且对服务员说明了情况。服务员在电话中认真地告诫他，说那些钱属于通讯公司所有，委托沃迪把所有硬币都投进去。沃迪就依照吩咐去做，谁知刚把那些硬币投进去，投币机响了几声又把它们统统"吐"了出来。

沃迪没有办法，就再次拨通了通讯公司的电话，服务员听后感觉事情很棘手，让沃迪稍候片刻，自己去请示老板索姆。索姆在电话里亲自向沃迪回复说："年轻人，我的公司现在急缺维修人手，况且为那点钱去高薪雇用维修工也不合算，因此作为对你诚实行为的奖励，那些硬币就全都奖给你了，希望你今后一直像今天这样做个诚实的人！"

沃迪欣喜异常地谢过索姆后，立即清点了那些硬币，加在一起不多不少整整9美元。沃迪如获至宝地揣着这些钱，从此开始了新的生活。那9美元让沃迪顺利度过了一个月时光，直到放寒假时，他在城市里连续找了几份工作。靠着勤奋的汗水和艰辛的付出，沃迪一个假期里不仅赚够了下一学期的费用，还结余了一部分钱寄回家中。当他在电话中向父亲讲述起自己打工的事情时,父亲激动万分,连连夸奖儿子终于真正长大了。

一年的光阴很快过去了,沃迪顺利拿到了毕业文凭,开始到繁华的芝加哥市闯荡。三年后,沃迪创建的理疗器械公司初具规模,在获得高额利润的同时,沃迪始终没忘记索姆老板对他的帮助,于是便给索姆寄去了一张5万美元的支票。不料索姆把支票如数退还的同时,还特意附上一封回信:

"年轻人,衷心地祝贺你事业有成!虽然我没有收下你寄来的钱,但是我非常高兴,因为没想到的是,那对我的公司收入来说微不足道的9美元竟然铺平了一个有志青年的成功之路,它证明了你在极端困窘的情况下仍不忘做人的根本,那就是诚实端正……"

如今,沃迪在芝加哥市建立了公司总部,这个庞大办公楼的外形完全仿照投币电话亭而建,而且在他的办公室墙上,永远粘贴着大大小小一堆硬币,它们加到一起恰好是9美元,在旁边还鲜明地挂着一个条幅,上面郑重地写着一个公式:9美元+诚信=成功!

许多事实证明,成功往往与诚信结伴而行。诚信是一个人最基本的人格要素,也是做人最基本的道德要求。诚信是成功的基石,也是一个人获得成功后的目标。所以,我们不能丢失掉一颗真诚的心,要让自己的心变得更加透明,不像污水那样浑浊,让每一个和你打交道的人,都感受到你的善良和责任感,只有如此,他们才会觉得你是值得信赖的、值得交往的朋友。

2

李嘉诚曾对儿子说:"一生之中,最重要的是守信。我现在就算再有多十倍的资金,也不足以应付那么多的生意。而且很多都是别人主动找我的。这些都是为人守信的结果,可见信誉就在行动里。"

在我们的一生中,会得到许多,也会失去许多,但守信应该始终伴随我们左右。一生如果以虚伪、不诚实的方式为人处世，也许能获得暂时的"成功"。但从长远看，他最终是个失败者。这种人就像高山上的流水，初始的时候是高高在上，但慢慢地它就越滑越低，再没有一个上升的机会。

无论岁月怎样改变，诚信的价值都是永恒的。诚信的品质可以为你赢得朋友、赢得支持、赢得荣誉、赢得东山再起的机会，让你无论面临何种境遇，都能在人生之路上稳步前行。

3

在美国有一个广泛流传的故事：

美国加州的"数码影像有限公司"需要招聘一名技术工程师，有一个叫史密斯的年轻人去面试，他在一间空旷的会议室里忐忑不安地等待着。不一会儿，一个相貌平平、衣着朴素的老者进来了。史密斯站了起来。那位老者盯着史密斯看了半天，眼睛一眨也不眨。正在史密斯不知所措的时候，这位老人一把抓住史密斯的手："我可找到你了，太感谢你了！上次要不是你，我可能就再也看不到我女儿了。其实我一直都在寻找你，想当面向你致谢的！"

"对不起，我不明白您的意思，咱们之间可能有什么误会。"史密斯一脸迷惑地说。

"上次，在中央公园里，就是你，就是你把我失足落水的女儿从湖里救上来的，我一直都记得你。"老人肯定地说道。史密斯明白了事情的原委，原来他把自己错当成他女儿的救命恩人了。

"先生，您肯定认错人了！不是我救了您女儿！我不是您要找的那个人！"

"是你，就是你，不会错的！我记得很清楚。"老人又一次肯定地回答。

史密斯面对这个感激不已的老人只能做些无谓的解释："先生，真的不是我！您说的那个公园我至今还没去过呢！所以救人者肯定另有其人，您认错人了！"

听了这句话，老人松开了手，失望地望着史密斯："难道我认错人了？你不是那天那位恩人吗？"

史密斯安慰老人："先生，别着急，慢慢找，你一定可以找到救你女儿的恩人的！"

后来，史密斯接到了录取通知书。有一天，他又遇见了那个老人。史密斯关切地与他打招呼，并询问他："您女儿的恩人找到了吗？有没有什么需要帮忙的？""没有，我一直没有找到他！"老人默默地走开了。

史密斯心里很沉重，对旁边的一位司机师傅说起了这件事。不料那司机听后哈哈大笑："他可怜吗？他是我们公司的总裁，女儿落水的故事他讲了好多遍了，事实上他根本没有女儿！他只有两个儿子！"

"噢？"史密斯大惑不解。那位司机接着说："我们总裁就是通过这件事来选人才的。他说过有德之才才是可塑之才！所以你能够面试成功，全是因为那天通过了考验。事实上，那天比你优秀的还有很多人，只不过他们都没有通过这一关。"

史密斯被录用后，兢兢业业，不久就脱颖而出，成为公司市场开发部总经理，一年为公司赢得了3500万美元的利润。当总裁退休的时候，史密斯继承了总裁位置，成为美国家喻户晓的成功人士。

后来，他谈到自己的成功经验时说："一个一辈子做有德之人的人，绝对会赢得别人永久的信任！"

诚实是一种可贵的品质，一个人只有诚实可信，才能够建立起良好的信誉，才能获得别人的真诚对待。在这个复杂的社会，你越是诚实可信，人们越会认为你难得，值得交往和相处。诚实不需要华丽的辞藻来修饰，不需要甜言蜜语来遮掩，它是生命的原汁原味，它是天地之间的一种本真和自然。

4

信用是人生最重要的资本。要知道,糟蹋自己的信用无异于在拿自己的人格做典当。有时候信用比生命更可贵。成功者重诺言,就是因为他们知道,失信将给自己的人格、名誉带来巨大的损失。因此,为了信用,他们可以倾尽所有。

那是在日本东京小田急百货公司的一天下午,售货员彬彬有礼地接待了一位来买唱机的女顾客。售货员为她挑了一台未启封的"索尼"牌唱机。事后,售货员清理商品时发现,原来是错将一个空心唱机货样卖给了那位美国女顾客。于是,售货员立即向公司警卫做了报告。警卫四处寻找那位女顾客,但不见踪影。经理接到报告后,觉得事关顾客利益和公司信誉,非同小可,马上召集有关人员研究。当时只知道那位女顾客叫基泰丝,是一位美国记者,还有她留下的一张"美国快递公司"的名片。据此仅有的线索,小田急公司公关部连夜开始了一连串近乎于大海捞针的寻找。先是打电话,向东京各大宾馆查询,毫无结果。后来又打国际长途,向纽约的"美国快递公司"总部查询,深夜接到回话,得知基泰丝父母在美国的电话号码。接着,又打国际长途,找到了基泰丝的父母,进而打听到基泰丝在东京的住址和电话号码。几个人忙了一夜,总共打了35个紧急电话。

第二天一早,小田急公司给基泰丝打了道歉电话。几十分钟后,小田急公司的副经理和提着大皮箱的公关人员,乘着一辆小轿车赶到基泰丝的住处。两人进了客厅,见到基泰丝就深深鞠躬,表示歉意。除了送来一台新的合格的"索尼"唱机外,又加送名人唱片一张、蛋糕一盒和毛巾一套。接着副经理打开记事簿,宣读了怎样通宵达旦查询基泰丝住址及电话号码,及时纠正这一失误的全部记录。

这时,基泰丝深受感动,她坦率地陈述了买这台唱机,是准备作为见面礼，送给在东京的外婆的。回到住所后，她打开唱机试用时发现，唱机没有装机心，根本不能用。当时，她火冒三丈，觉得自己上当受骗了，立即写了一篇题为《笑脸背后的真面目》的批评稿，并准备第二天一早就到小田急公司兴师问罪。没想到，小田急公司纠正失误如同救火，为了一台唱机，花费了这么多的精力。这些做法，使基泰丝深为敬佩，她撕掉了批评稿，重写了一篇题为《35次紧急电话》的特写稿。

《35次紧急电话》稿件见报后，反响强烈，小田急公司因一心为顾客着想而声名鹊起，门庭若市。后来，这个故事被美国公共关系协会推荐为处理公共关系的世界级案例。

人们常说"要对得起自己的良心"。所以，做事一定要坦荡，犯了错误，不管有没有人知道，都要勇于承担，首先要对得起自己，问心无愧，这样才可以让自己没有心理负担，得到别人的尊重。

即使这个世界上所有的人都看不到我们在做什么，我们的良心还是能够看到。诚实不是用来表演的，它应该是生命的一部分。